新觀念伽利略

化學

不斷孕育出最新材料

人人出版

H_3C
N
N
In_2O_3-Ga_2O_3-

前言

「化學」是一門研究物質結構、性質和反應等的學科。

也許你會認為這是「只發生在實驗室裡的複雜學問」，

但化學其實存在於我們周圍，並支持著我們的日常生活。

例如檸檬的酸味和咖啡的香氣，食材散發出的不同味道和香氣，

皆來自於各種不同的化學物質。

用肥皂洗手可以防止病菌感染的原因，

也可以用化學來解釋。

另外，家電產品、智慧型手機以及醫藥品中

也充滿了化學的元素。

人類巧妙地利用化學，並以此推動了文明的發展。

本書將透過許多生活周遭常見的例子，

以簡單易懂的方式介紹化學的魅力。

1 化學是什麼

2 來研究原子和元素吧

3 簡直就是魔法！物質的結合與化學反應

4 現代社會不可或缺的有機化學

附錄

1 化學是什麼

許多人可能會覺得化學很難、很複雜。然而，化學其實就潛藏在我們身邊，默默地支撐著我們的生活。味道、香氣、光線和顏色等各種生活中的感官刺激，以及家電產品的運作原理等，都與化學有著密切的關係。現在，就讓我們透過生活周遭的例子，介紹化學帶給我們的恩惠。

Cu
Ag
Sn
Au
Si
C
Li
Co
In
Nd
Ga

貼近生活且不可或缺的「化學」

化學是研究物質性質的學科

化學是研究世界上所有物質的結構和性質的一門學問。英文中的化學（Chemistry）一詞源於鍊金術（Alchemy），而鍊金術是指在中世紀以前，人們試圖將普通金屬轉化為黃金等貴重金屬所進行的種種實驗。雖然最後沒有成功製造出黃金，但正是這種嘗試錯誤（trial and error）的實驗精神，為化學的發展打好了基礎。

日常生活中的所有物質都可以是化學的研究對象。進一步了解物質的結構和性質，以及物質之間的反應方式，就能將這些知識應用於各種技術中。事實上，**許多生活中經常使用的東西，都是基於化學知識創造出來的**。

化學對於我們來說，是生活中不可或缺的一門知識，接下來就一起來探討吧！

鉛筆
鉛筆的筆芯是由膜狀的碳層層堆疊而成的石墨（graphite），與黏土混合而成的。

紙
紙是由一種稱為「纖維素」（cellulose）編註1的鏈狀分子所組成。

編註1：纖維素是地球上最豐富的有機聚合物，也是組成植物細胞壁的主要成分。棉花纖維中的纖維素含量達90%，木頭中的纖維素含量則為40%～50%。

鉛筆筆芯和筆記本的構造

下圖是我們經常使用的鉛筆筆芯和筆記本（紙）的微觀結構。所謂的化學，就是研究這類物質的結構和性質的學問。

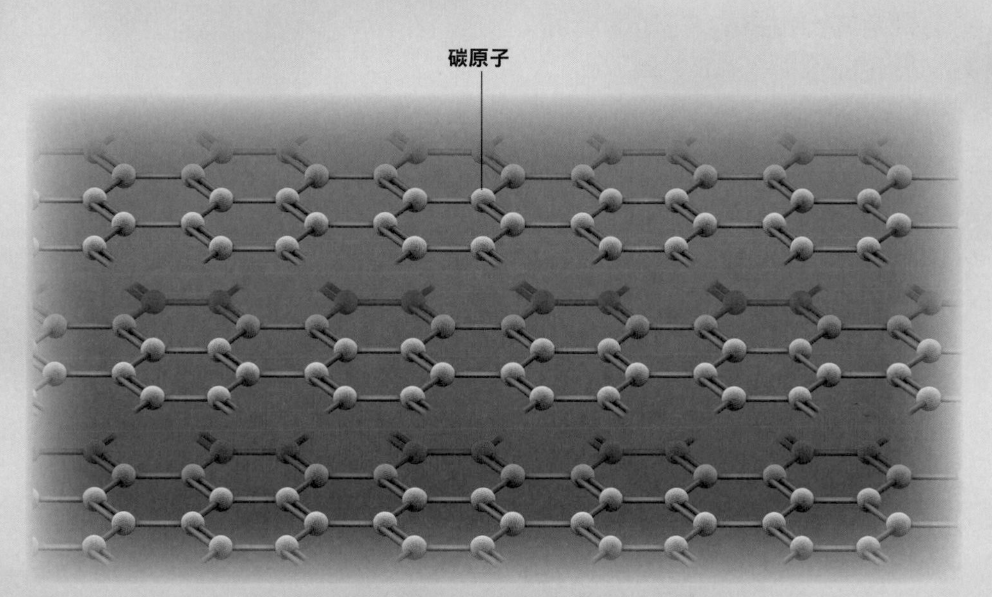

石墨

由碳原子（C）形成正六角形網眼結構的薄膜，再層層堆疊而成。薄膜間透過微弱的電力相互連接。 編註2

編註2：石墨的每個碳原子均會放出一個可自由移動的電子，因此石墨屬於導電體。

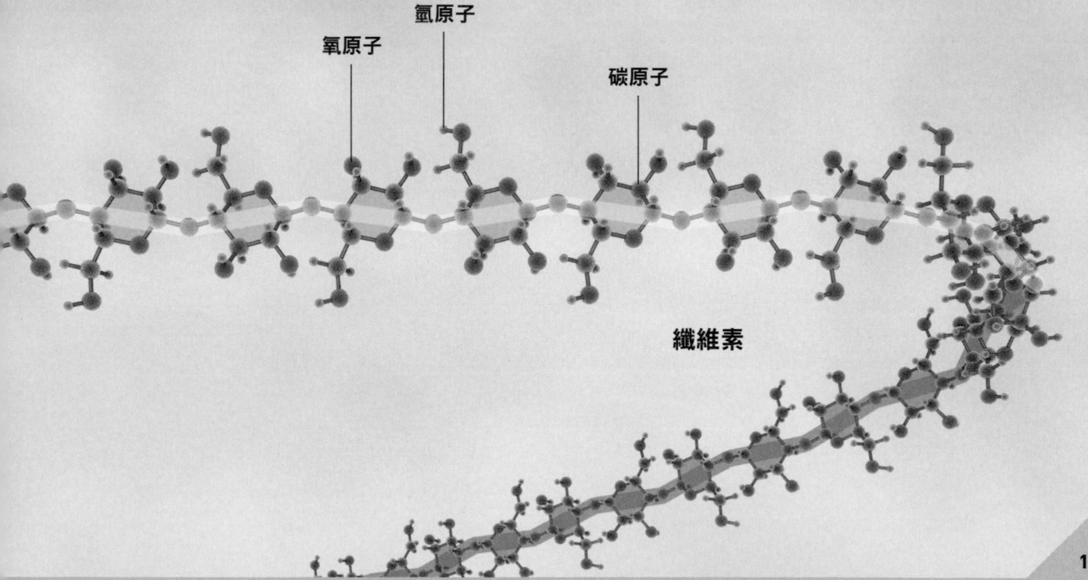

文明隨著用火而興起

人類利用名為「燃燒」的化學反應推動文明的進步

大約700萬年前，人類誕生於非洲。到了300萬年前左右，人類開始使用石器等工具，而在約100萬年前開始使用火。

最初，人類可能是從雷擊或火山爆發引燃草木時發現了「燃燒」編註的現象。後來，人類開始利用這些自然發生的火，並且學會了鑽木取火的技術。

透過這種方式獲得的火，不僅為人類提供了夜間的照明和溫暖，同時也保護了人類免受動物等的傷害。此外，透過使用火進行烹煮，肉類中的蛋白質變得更容易攝取。

燃燒是一種物質與氧氣產生劇烈反應的同時，放出光和熱的「化學反應」。也就是說，**人類利用化學反應，推動了文明的發展**。

編註：燃燒（combustion）是可燃物與氧化劑相互做「氧化還原」（oxidation-reduction）的化學反應時，化學能快速釋放為熱能和輻射能的過程。由於化學能屬於位能，而熱能和輻射能屬於動能，因此燃燒可視為位能轉換為動能的過程。

「在生魚上抹鹽」不只是為了調味

烹飪中隱藏的化學精髓

烤魚之前，通常會先在生魚的兩面抹鹽後再烤，這可不僅僅是為了調味而已喔！在生魚上抹鹽時，魚肉細胞內的水分會被排出，使魚肉變得緊實。此外，造成腥味的成分也會隨著水分一同被排出，簡直可以說是「一石三鳥」。

魚的表面細胞被一層稱為「半透膜」（semipermeable membrane）的

在生魚上抹鹽，會發生什麼事？

在烤魚之前，會先在生魚上抹鹽，就能利用滲透壓去除魚肉中的水分。下圖為示意圖。

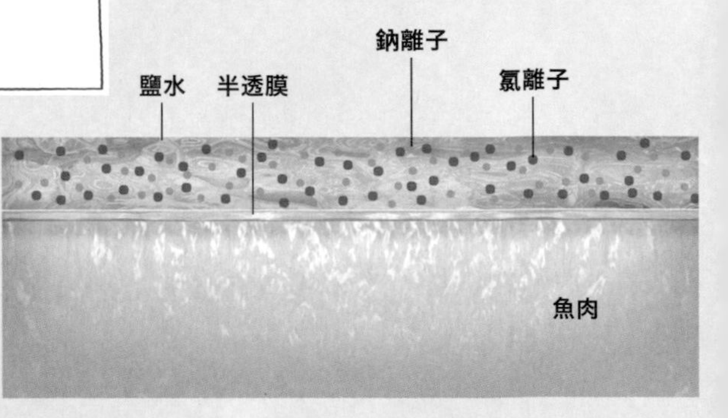

魚身上的濃鹽水
抹鹽後產生的濃鹽水和魚肉之間隔著半透膜。

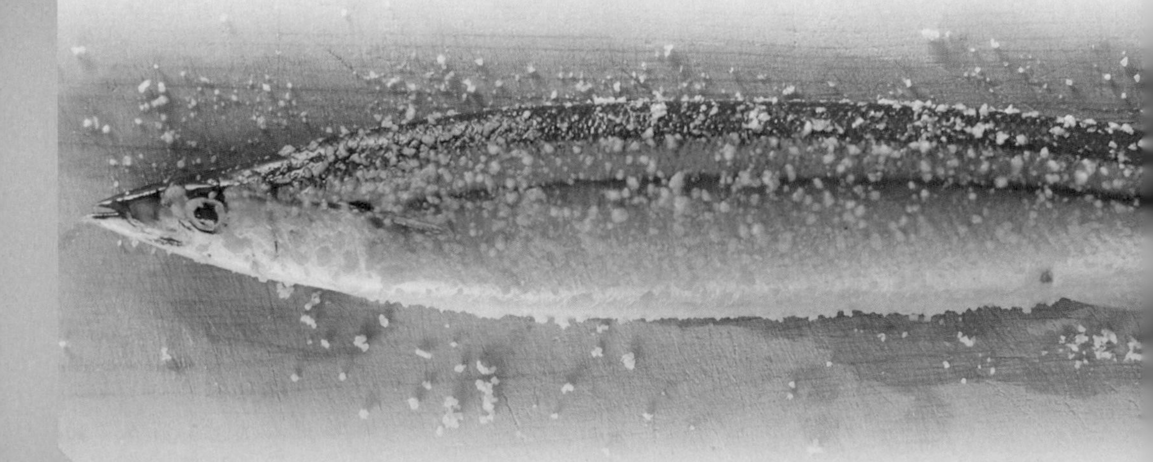

薄膜包覆著。半透膜上有許多隧道狀結構的小孔，水分子可經由這些小孔進出細胞。生魚上抹鹽後，暴露於空氣中的鹽容易潮解，具有吸水性，在魚身上形成鹽水，其鹽分濃度高於魚體內的鹽分濃度。

一般來說，**當半透膜的兩側鹽分濃度不同時，水會從鹽分濃度低的一側移動到鹽分濃度高的一側。此時產生讓水分移動的壓力，稱為「滲透壓」（osmotic pressure）**。不僅僅是鹽，含有大分子的水溶液（例如糖水）也會產生滲透壓。因為半透薄膜只允許特定大小的分子或離子通過，高濃度側的溶質無法通過半透薄膜至低濃度側[編註]，反之低濃度側的水分子卻可以通過且持續擴散至高濃度側，直到兩側的濃度平衡為止。

編註：水分子對氯離子及鈉離子具有強大的引力。水分子帶負電荷的一端會牽引著鈉離子，帶正電荷的一端則會牽引著氯離子。這些引力令鈉離子和氯離子離開氯化鈉固體，進入水中。溶液中每一個鈉離子會被許多水分子包圍，同樣地，每一個氯離子也會被許多水分子包圍，形成龐大結構，無法通過半透薄膜。

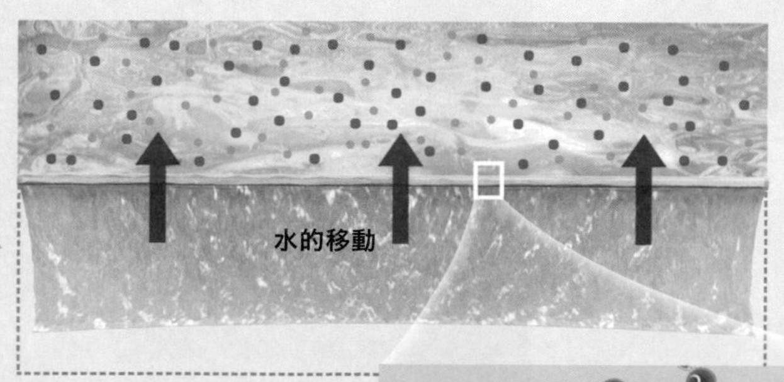

水分從魚肉中滲出

水分從魚肉中單方向滲出，使魚肉變得緊實。

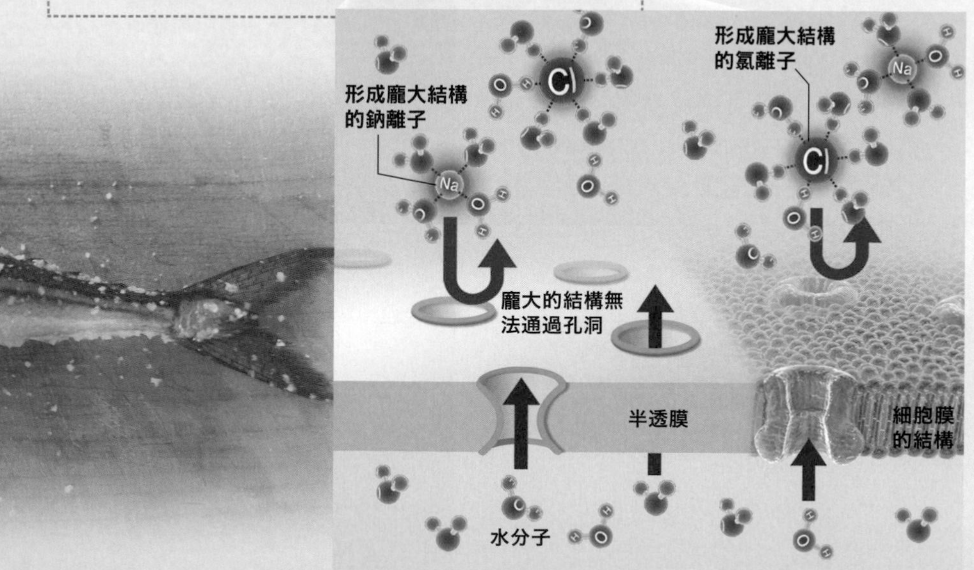

「濃郁的香氣」也是化學的產物

碳的六角形帶來苦味和香氣

當木屑不完全燃燒時，會產生煙，而用煙來燻燒食物的烹飪方法稱為燻製。

經過燻製的食物會因煙中所含的「酚類」而產生特殊的「香氣」。**酚類是「酚」(phenols)或具有和酚相同結構的有機化合物**。

酚是由6個碳原子(C)形成的「苯環」(benzene ring)[編註]，以及一個「羥基」(−OH, hydroxyl)所構成。當苯環上帶有2個以上的羥基時則稱為「多酚」，存在於葡萄酒、咖啡、茶等飲料之中。

含有苯環的有機化合物稱為「芳香族化合物」(aromatic compound)。這個名字是不是讓人聯想到它們好聞的氣味呢？芳香族化合物被廣泛應用於醫藥品、染料、紡織品等材料的製造中。

編註：苯是一種最簡單的芳香烴(aromatic hydrocarbons)，芳香族化合物都是由苯衍生而成。

苯和它的夥伴

下面是帶有苯環的苯和酚，而右頁則是酚的成員。

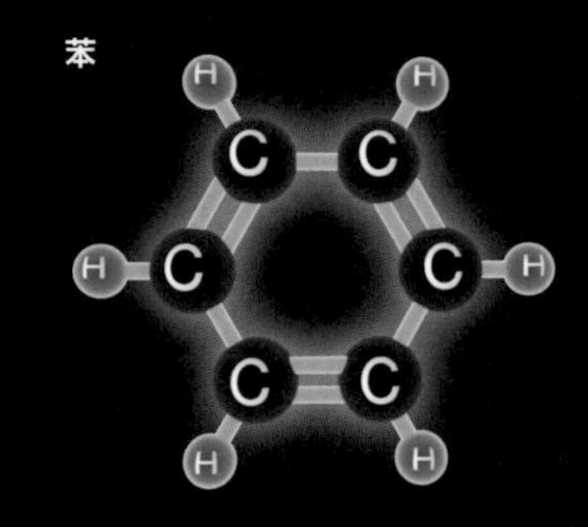

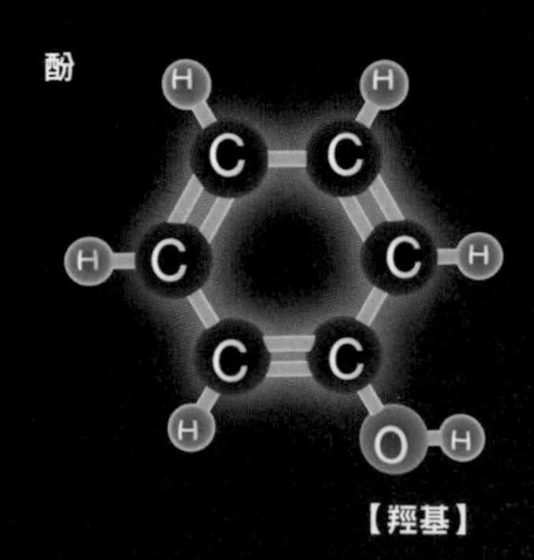

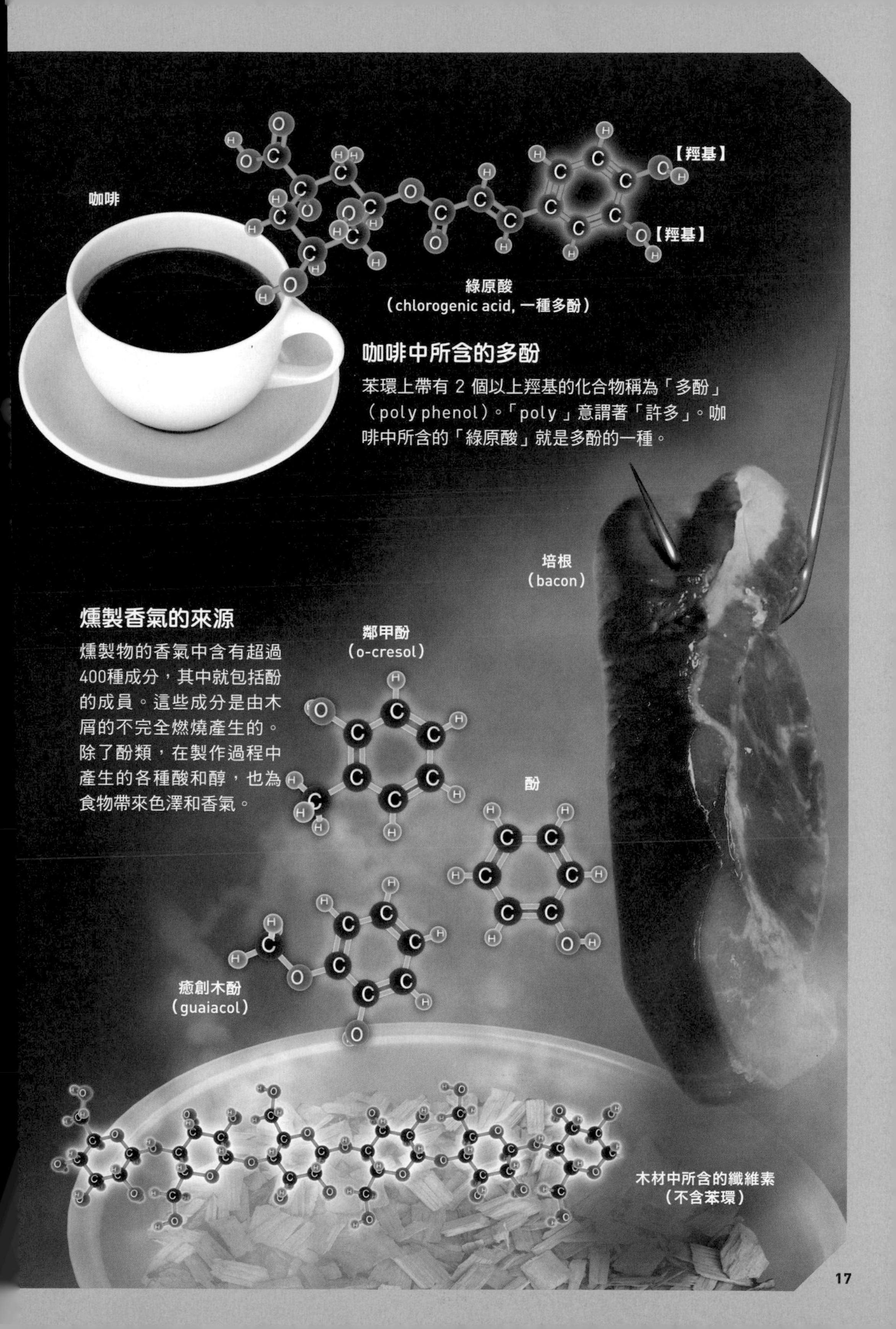

咖啡中所含的多酚

苯環上帶有 2 個以上羥基的化合物稱為「多酚」（poly phenol）。「poly」意謂著「許多」。咖啡中所含的「綠原酸」就是多酚的一種。

燻製香氣的來源

燻製物的香氣中含有超過400種成分，其中就包括酚的成員。這些成分是由木屑的不完全燃燒產生的。除了酚類，在製作過程中產生的各種酸和醇，也為食物帶來色澤和香氣。

用肥皂洗手能有效「對抗冠狀病毒」的原因

界面活性劑可以破壞病毒的「膜」

肥皂的分子結構是破壞病毒的關鍵

當肥皂的分子達到一定的量時，會形成內含親油基的球狀結構，稱為「微胞」（micelle），並溶於水中。當接近病毒顆粒時，肥皂分子會破壞病毒的套膜（脂雙層）。

註：微胞是外側親水，內側親油的球狀結構。

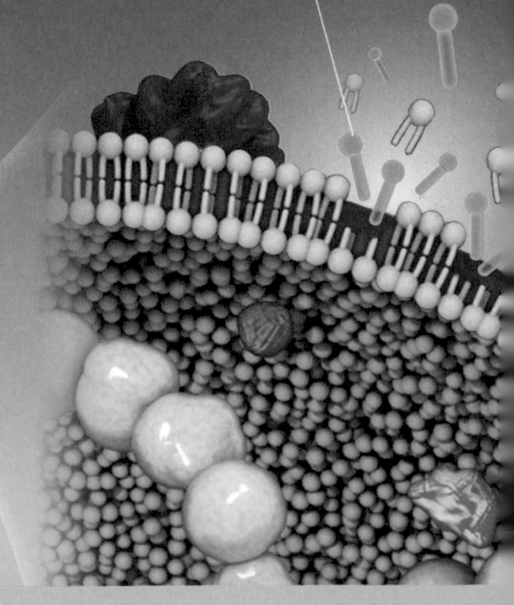

肥皂等清潔劑被稱為「界面活性劑」(surfactant)編註，特性是能讓原本不相容的水和油互相混合。

界面活性劑的分子由容易與油混合的「親油基」(organophilic group)，以及容易與水混合的「親水基」(hydrophilic group)組成。舉例來說，在洗衣服時，親水基會與水結合，滲透到纖維中。接著，親油基會與衣服上的油汙結合，將汙垢從纖維中分離出來。

新型冠狀病毒的表面被一種稱為「套膜」(envelope)的構造所包覆，病毒套膜是由脂雙層(lipid bilayer)組成。使用界面活性劑時，親油基會與套膜結合，並將套膜分解。當套膜破裂時，病毒就會失去感染力。因此，使用肥皂洗手可以有效對抗冠狀病毒。

使用酒精消毒也是對抗冠狀病毒的有效方法。消毒用酒精是高濃度的「乙醇」水溶液。乙醇分子中的乙基(ethyl)是親油性的，羥基是親水性的，因此與界面活性劑一樣可以破壞病毒的套膜。

然而，世界上也存在著無套膜結構的病毒，比如引發腸胃炎的輪狀病毒(Rotavirus)和諾羅病毒(Norovirus)等。在這種情況下，需要使用如次氯酸鈉(sodium chlorate)等氯系消毒劑來預防。

編註：界面活性劑溶於水後會在油／水界面吸附形成排列整齊的單層膜，改變油／水界面膜的結構和性質，可顯著降低兩種液體或液體-固體間的表面張力。

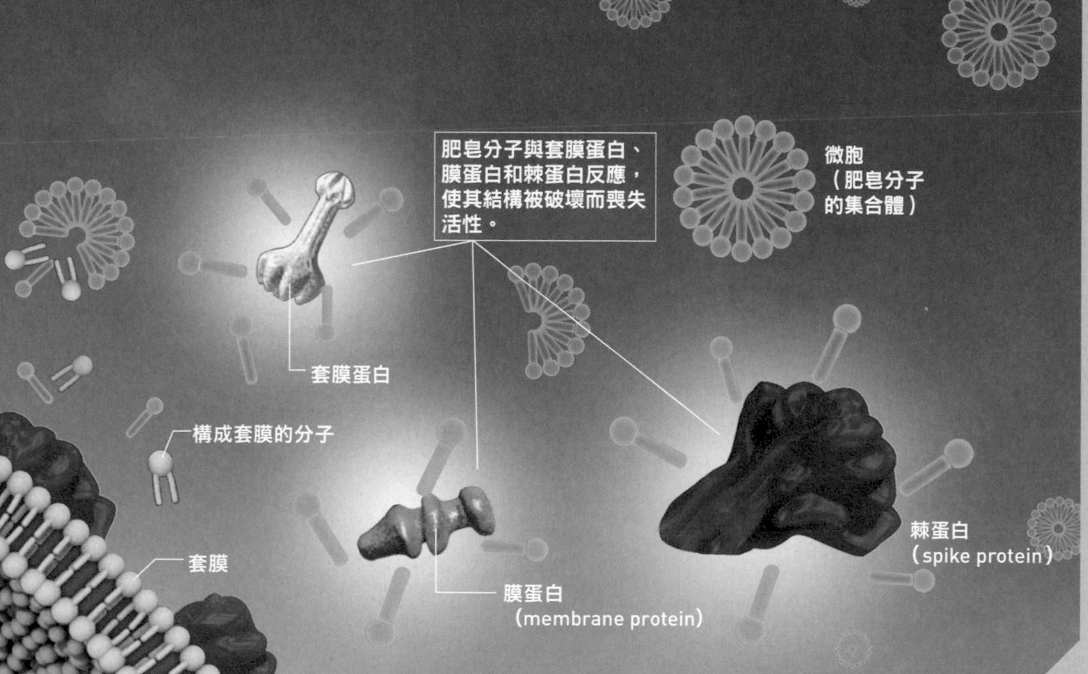

為什麼冰箱和冷氣機會製冷呢？

冰箱和冷氣機利用「汽化熱」來進行冷卻

當電流通過金屬等物質時，通常會產生熱量。但冰箱和冷氣機等家電卻能使用電力來冷卻存放在其中的物品和室內空間，不覺得很不可思議嗎？事實上，這也是運用了化學性質的結果。

在打針前會先用酒精在皮膚上進行消毒，這時會感到涼涼的。這是因為酒精在蒸發成氣體時，會帶走皮膚的熱量。**一般來說，當物質從液體轉變為氣體時，會吸收周圍物質的熱量，此時被吸收的熱量稱為「汽化熱」（heat of vaporization，又稱蒸發熱）**。

冷氣機也是利用汽化熱來調節室內的溫度。冷氣機內部的冷媒在受到壓力時會向周圍釋放熱量（凝結熱，heat of condensation），在減壓時則會吸收周圍的熱量（汽化熱）。冷（暖）氣機便是透過這種機制來加熱或冷卻室內的空氣。

異丁烷冷媒（非氟氯碳化物） 編註

1大氣壓下的沸點為負11.7°C。

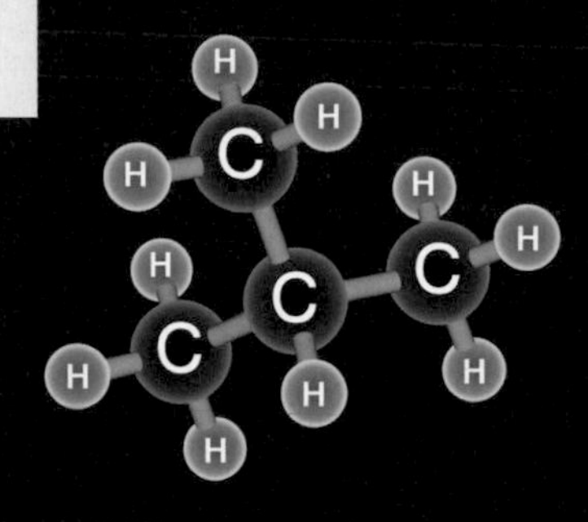

編註：早期的冷媒氟氯碳化物（chlorofluorocarbons）會破壞地球的臭氧層，因此逐漸以異丁烷（isobutane）取代。

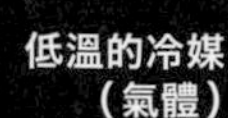

1. 壓縮冷媒使其變熱

壓縮機壓縮冷媒，使溫度上升。

低溫的冷媒
（氣體）

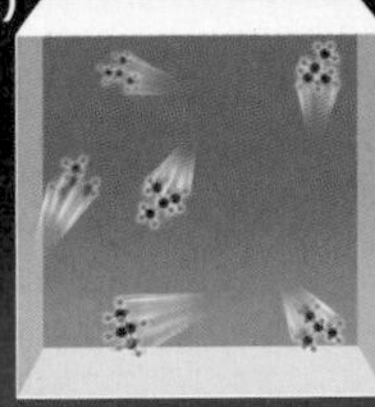

高溫的冷媒
（氣體）

2. 冷媒液化並釋放熱量到周圍環境

冷媒在高壓下液化，並釋放熱量到周圍環境。

4. 冷媒蒸發並帶走周圍的熱量

冷媒在低壓下蒸發，並吸收周圍的熱量（汽化熱），從而產生冷氣。

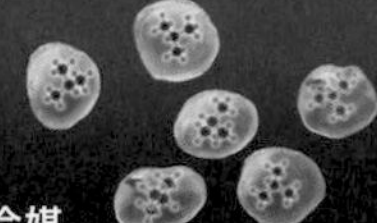

低溫的冷媒
（霧狀）

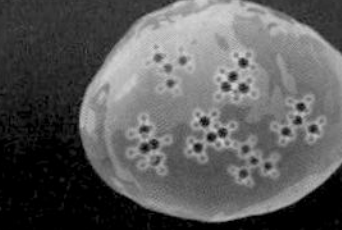

高溫的冷媒
（液體）

3. 冷媒減壓並冷卻

液體冷媒通過膨脹閥後，會噴射成霧狀並藉此降低壓力，使得冷媒更容易蒸發，從而降低溫度。

使骯髒空氣變乾淨的「光觸媒」

加速化學反應的魔法物質

編註：二氧化鈦原子中的電子吸收光子（photon）的能量後，會從價帶（valence band）躍升到導帶（conduction band），原本電子存在的地方就會出現一個帶正電的電洞，吸引附近物質中的電子。（參見《新觀念伽利略-物理》p.123）

空氣清淨機是一種聲稱具有殺死病毒效果的機器。在空氣清淨機中，通常會使用到一種叫作「二氧化鈦」（TiO_2）的物質。

二氧化鈦具有特殊的性質，當它的表面照到光時，會釋放出一個電子，同時試圖從附近的物質中奪取一個電子。編註因此，如果照到光的二氧化鈦附近存在病毒的話，病毒會被奪走一個電子而改變結構，使病毒失去感染力。

在反應的前後，二氧化鈦本身的形態並不會改變。像這樣**雖然參與化學反應，但在反應的前後不會發生變化的物質，稱為「催化劑」（catalyst，又稱觸媒）**。而能在光線照射下發揮催化劑作用的物質，稱為「光觸媒」（photocatalyst）。

由於在以化學產品製造工廠為首的工業現場，催化劑能提供另一活化能較低的反應途徑來加快化學反應速率，而產品的質量、組成和化學性質保持不變，對產品的品質和產量的影響重大，因此這些工廠都致力於催化劑的研究和開發。

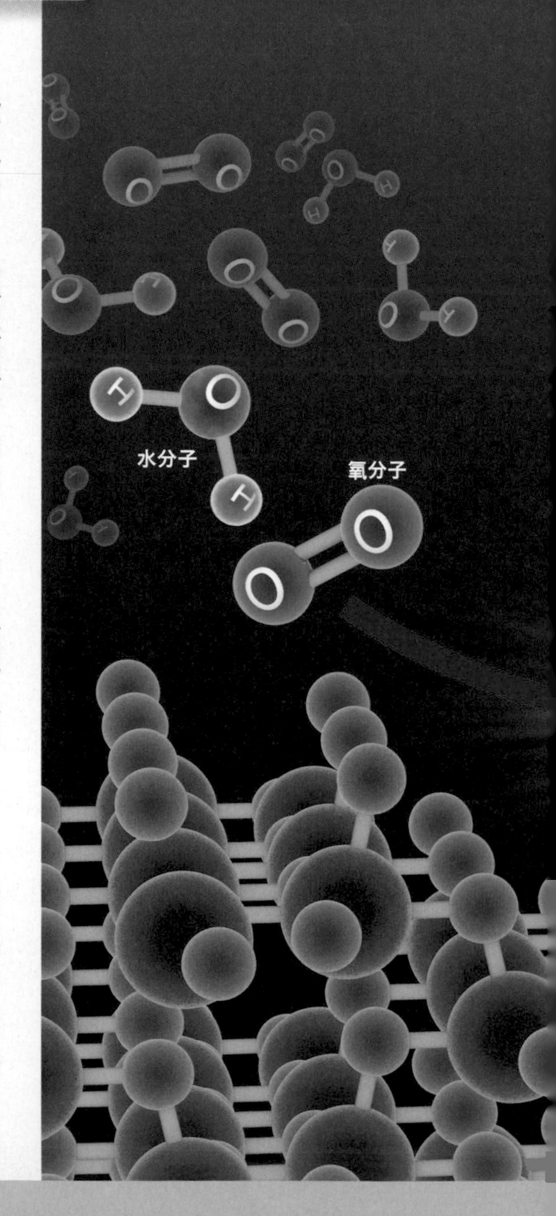

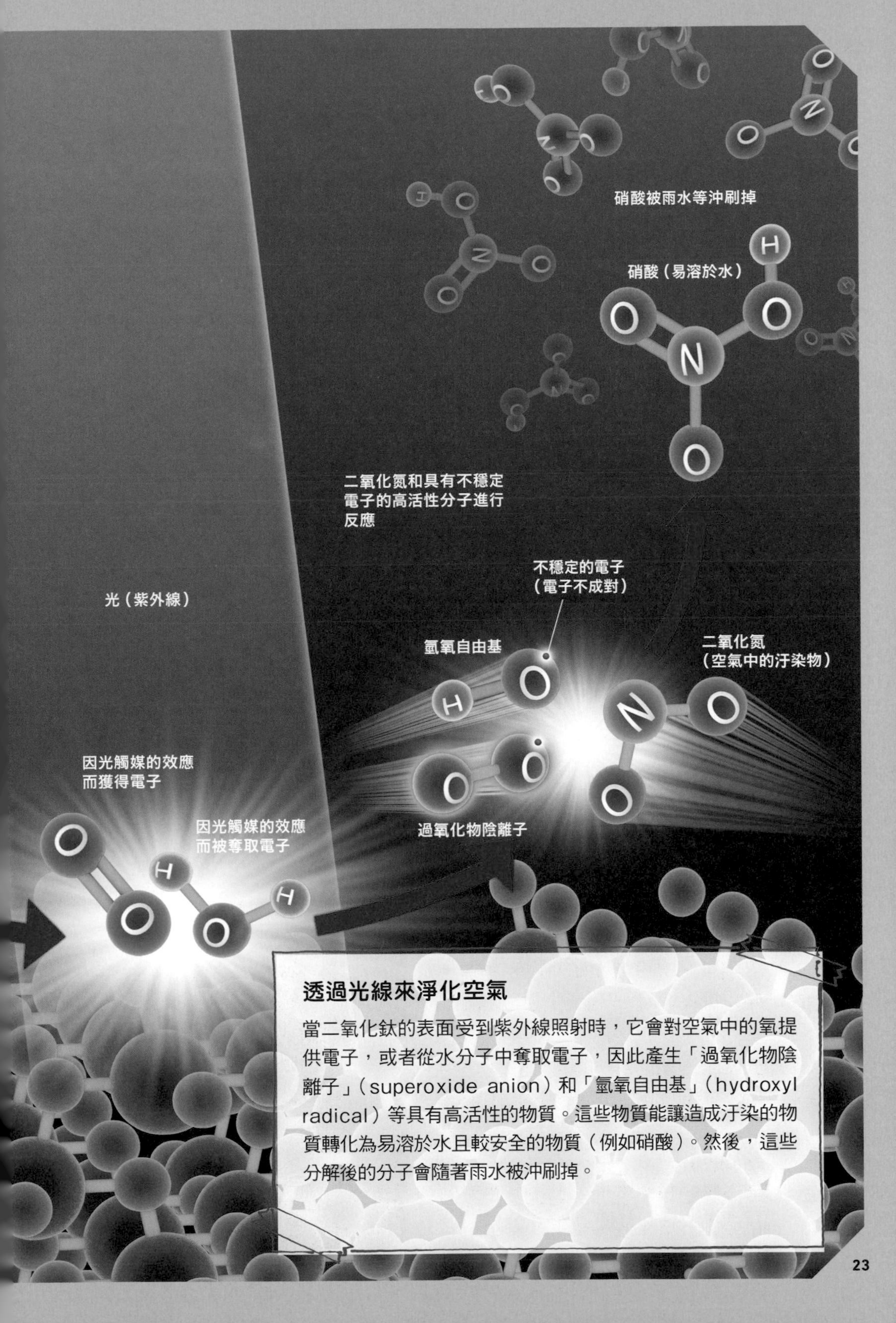

透過光線來淨化空氣

當二氧化鈦的表面受到紫外線照射時，它會對空氣中的氧提供電子，或者從水分子中奪取電子，因此產生「過氧化物陰離子」（superoxide anion）和「氫氧自由基」（hydroxyl radical）等具有高活性的物質。這些物質能讓造成汙染的物質轉化為易溶於水且較安全的物質（例如硝酸）。然後，這些分解後的分子會隨著雨水被沖刷掉。

化學是什麼

智慧型手機內藏著許多寶藏

沉睡在手機中的稀有金屬礦脈

我們常會用「稀有」這個詞來形容遊戲中的稀有物品或是稀有卡片等。

「稀有金屬」（rare metal）是指由於資源稀少和開採困難等原因，被認為具有高度稀有性的金屬元素總稱。智慧型手機、液晶顯示器以及其他家電產品中，其實都含有大量的稀有金屬。比方說，用於鋰電池的鋰金屬、用於揚聲器中的釹金屬等，都是稀有金屬的例子。

由於日本的資源缺乏，不只稀有金屬，幾乎所有的金屬都需要依賴進口。因此，日本正在推動一項名為「都市礦山」的試驗，將廢棄家電中的稀有金屬進行回收利用。2021年的東京奧運和帕拉林匹克運動會（Paralympic Games）所頒發的約5000枚獎牌，就是由都市礦山中回收的金屬所製成的。

編註：塑膠鏡片透光率雖然不如玻璃鏡片，但成型更為容易（只需加熱到攝氏200～300度再以模具加壓成型）、良率較高、成本較低，且透過不同形狀的塑膠鏡片進行組合，也可以達到非常好的成像效果。而玻璃鏡片的製造需要先加熱到攝氏1,500度再透過鑽石研磨出表面形狀，尤其是製造具有變焦等功能的非球面玻璃鏡片難度更高。

不要廢棄！將手機回收利用

從 1 支手機中可回收約0.05公克的金（Au）。雖然聽起來微不足道，但如果將全國回收手機中的金屬收集起來，就能得到相當大量的金屬，足以稱之為新的礦脈。

Cu

Sn

液晶顯示器

智慧型手機和其他設備的液晶顯示器中，使用了由銦（In）和錫（Sn）製成的透明電極。有些機型則使用由鎵（Ga）製成的透明電極。

耳機插孔

容易接觸外界空氣而生鏽的耳機插孔的連接線部分，使用了不易生鏽的金（Au）。

Li

Co

Nd

揚聲器

揚聲器內部有一個小型馬達，裡面含有使用釹（Nd）製成的釹磁鐵。

鋰電池

鋰電池中除了鋰（Li）之外，還使用了鈷（Co）和碳（C）等作為電極材料。

LED

智慧型手機的燈光是由LED產生的。製造LED所使用的半導體材料包括銦（In）和鎵（Ga）等。

「玻璃」是凝固的液體？

很像是晶體，卻又不是晶體

我們的生活中經常使用到像玻璃和塑膠這樣的「合成聚合物」（synthetic polymer）。

人們使用玻璃的歷史非常悠久，最早的紀錄是從西元前2500年左右的美索不達米亞文明遺址中發掘出來的文物。時至今日，製造玻璃的技術仍在不斷進步，像是網路通訊中不可或缺的「光纖」（optical fiber）和超薄的玻璃、可摺疊的玻璃等，各式各樣的玻璃製品陸陸續續地被開發出來。

用來製作平板玻璃和玻璃瓶等的玻璃稱為「鈉鈣玻璃」（soda-lime glass），是由「二氧化矽」和碳酸鈉或碳酸鈣混合，在高溫下熔化而形成的。

透明的玻璃乍看之下就像是一般的固體，但實際上有些微的不同。一般物質，比如水，在液態時加熱後會變成水蒸氣（氣體），冷卻後會變成冰（固體），稱為物質的三態。在冰的狀態下，水分子呈規則排列的「晶體」（crystal）結構。

然而，**玻璃並不是晶體，其內部的二氧化矽呈不規則排列，這種狀態稱為「非晶質」（amorphous）**。編註

將冰加熱至溫度達到0°C時，所有的冰都會轉化為液體的水，但加熱玻璃卻只會讓它逐漸變軟。玻璃很容易透過加熱來塑形的特性，就是來自於這種性質。

編註：熔化的玻璃經過迅速冷卻而成形，雖呈現固態，但由於冷卻速度太快，各分子沒有足夠時間形成晶體，便凍結在液態分子的排列狀態，稱為「玻璃態」（glassy state）。

沒有特定結構的「非晶質」

左下所示是由與玻璃成分相同的二氧化矽組成的水晶結構。水晶是由圖中黃色發光的部分，重複且規則排列而成的結構。然而，玻璃中並沒有這種規則的結構。因此，當加熱玻璃時，它的結構不會在特定溫度（熔點）下突然全部一起改變成液體，而是一點一點的崩解並逐漸變軟。這種特性使得玻璃易於加工。

金屬離子切斷原子之間的鍵結

鈉鈣玻璃是在二氧化矽形成的結構中，混入鈉和鈣等金屬離子。這些離子具有切斷矽和氧之間鍵結的作用，使玻璃的熔點降低，讓它更容易加工。

水晶的晶體結構

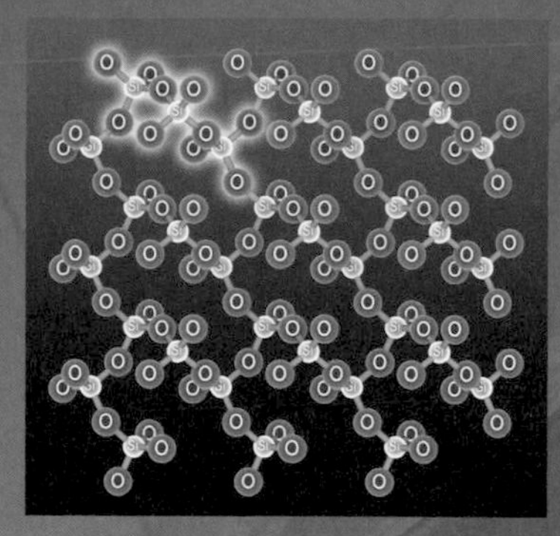

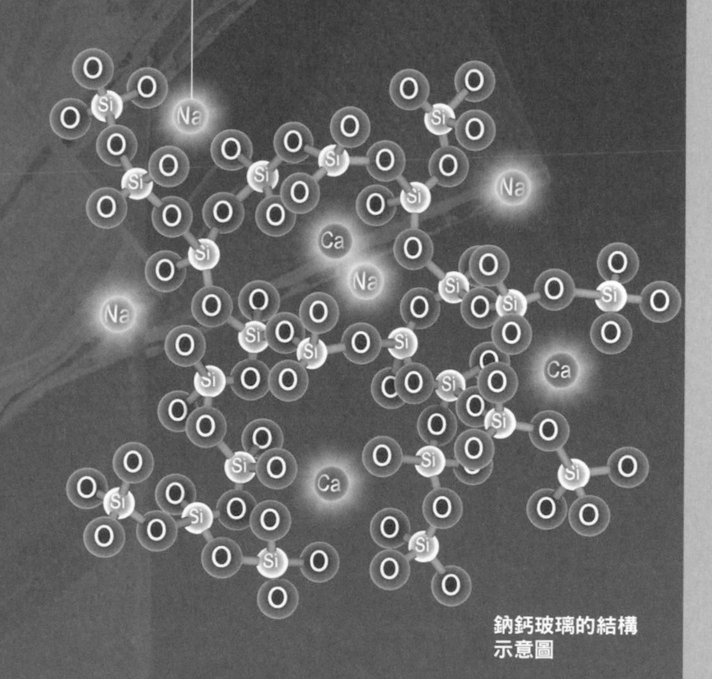

鈉鈣玻璃的結構示意圖

大量的分子在廚房裡相遇和分離

以一大群為單位的便利計算法「莫耳」

吃咖哩飯時用的湯匙，大約可以裝入15毫升（15公克）的水。僅僅這麼一點水，卻是由大約5000垓（垓是1兆的1億倍）個水分子聚集而成。

在化學世界中，以接近5000垓個的數量作為基準，更準確的說是以「約6020垓」作為單位來衡量分子的數量。這個數量稱為「亞佛加厥常數」（Avogadro constant），也可以寫成「約6.02×10^{23}」，其中10^{23}是將10乘以23次的數。亞佛加厥常數是以12公克的碳-12（C-12）中所含的碳原子數為基礎而定義的※。

由於每次都寫「6.02×10^{23}」很麻煩，所以在化學世界裡用「1莫耳」（mol）來表示這個數值（1莫耳的純碳-12的質量恰好是12公克）。

※：國際單位制（Système International d'Unités，簡稱SI）在2019年5月20日進行了修訂，將亞佛加厥常數重新定義為「6.02214076×10^{23}」，以單位mol^{-1}表示。

「1莫耳」是多少？

圖中所示為1莫耳（也就是6.02×10^{23}個）的各種原子或分子的質量。

鋁（Al）約27公克

鋁箔紙的成分基本上就是純鋁。27公克的鋁大約是4公尺長的家用鋁箔紙。

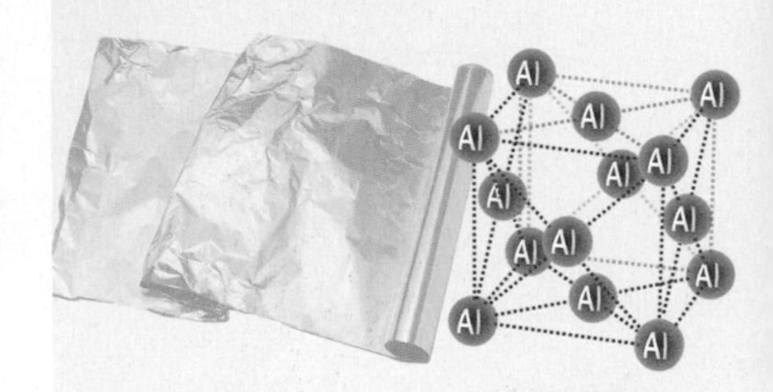

鋁的晶體構造

木炭約12公克

木炭是含有微量雜質的純碳。

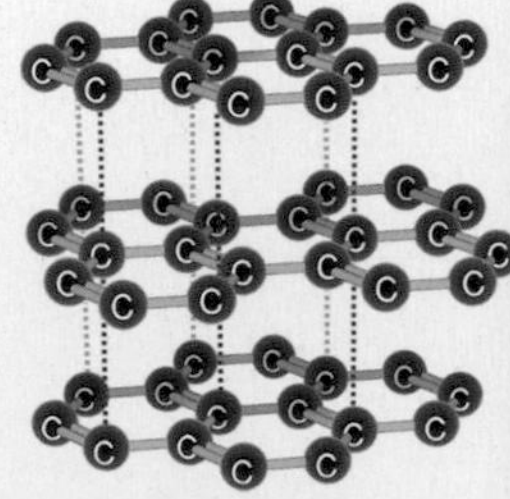

碳（石墨）的晶體構造

水（H_2O）約18公克

18公克的水大約是料理用量匙的1湯匙加5分之3茶匙。

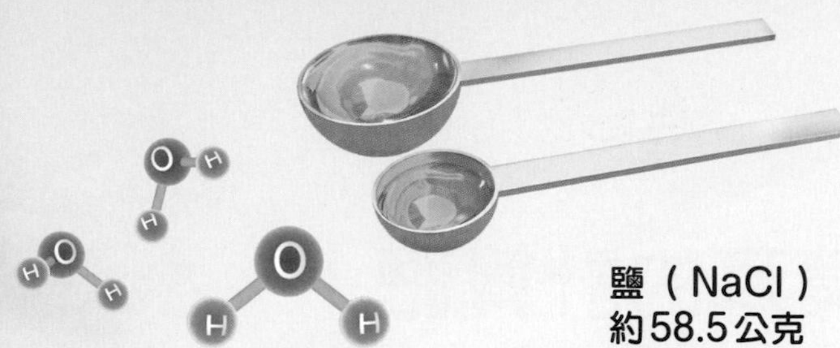

鹽（NaCl）約58.5公克

相當於50碗味噌湯中的鹽分。

氣體約22.4公升

天然氣的主要成分甲烷（CH_4）。1莫耳的氣體分子在0°C、1大氣壓下，體積約為22.4公升。這體積約等於直徑35公分的球。

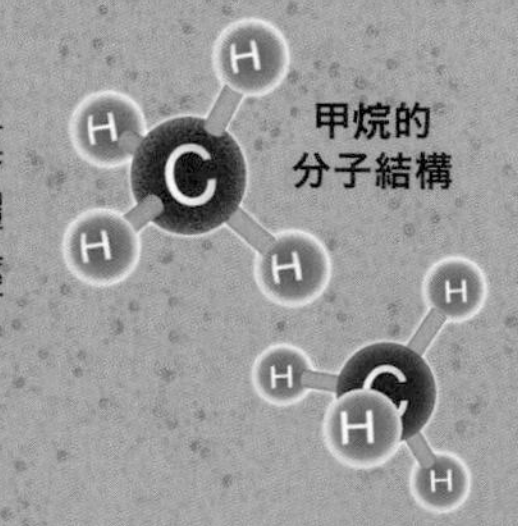

註：這是理想氣體的情況。實際上，1莫耳氣體的體積可能與22.4公升有所偏差。

問題

來挑戰莫耳的計算吧！

由於原子的質量非常小，用實際數值來表示並不實用。因此，**將碳原子（C）的質量定為12，並以此為基準來表示每個原子的質量。這種表示方式稱為「原子量」**。這麼一來，氫原子（H）的原子量就成為1，氧原子（O）的原子量為16。對於分子，則是**將構成這個分子的各原子的原子量加總，稱之為「分子量」**。例如，水分子（H_2O）的分子量為氫原子的原子量乘以兩倍（1×2），加上氧原子的原子量16，總共為18。

在了解原子量和分子量的定義後，請接著挑戰看看右頁的Q1和Q2吧！不要把問題想得太難，先仔細閱讀問題吧！

答案在下一頁

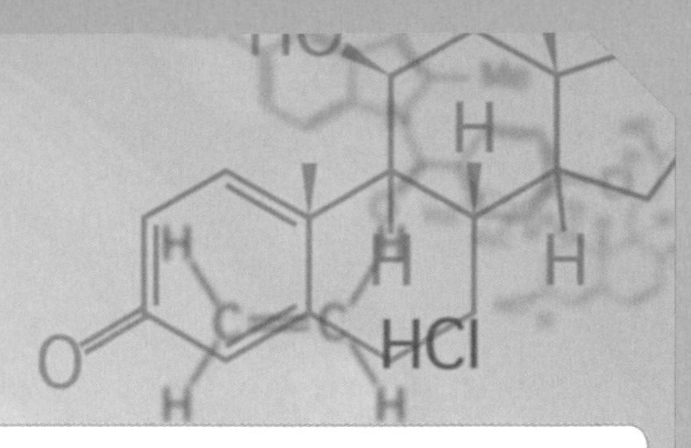

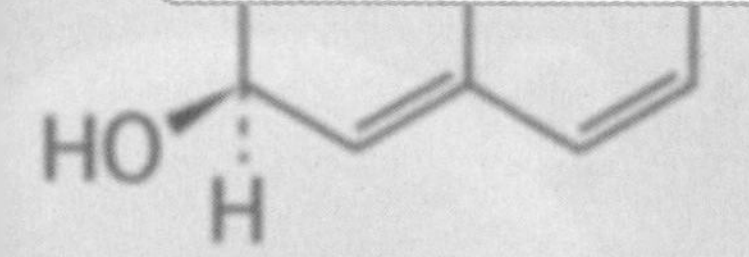

Q1

1.8公升的水中含有多少個水分子（H_2O）？
提示：水分子的分子量為18，而1公升的水重1000公克。

Q2

一個新的氧氣瓶中含有0.5莫耳的氧氣，這些氣體重多少公克呢？
提示：氧分子（O_2）的分子量為32。

解答

將「6.02×10^{23}個分子或原子＝1莫耳」謹記在腦袋裡思考……

就像12支鉛筆稱為1打一樣，**我們將「6.02×10^{23}」個分子或原子等粒子稱為1莫耳**。在化學反應中，除了分子的種類外，分子的數量也非常重要。因此，用莫耳這個單位來表示分子的數量，遠比以公克或公升等單位來表示，更能讓人理解化學反應。

6.02×10^{23}稱為「亞佛加厥常數」。亞佛加厥常數是以12公克的碳-12（C-12）中所含的碳原子數為基準定義的。**當原子或分子累積到6.02×10^{23}個時，這一團粒子的質量（單位為公克）就等於其原子量或分子量**。例如，1莫耳的碳原子質量是12公克，因為碳的原子量是12。

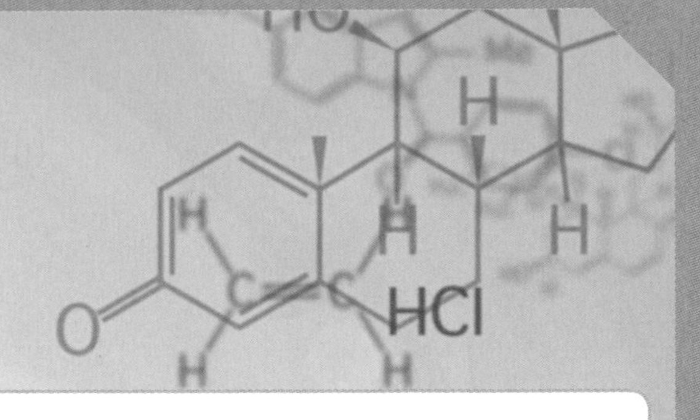

A1

6.02×10^{25}個

1莫耳的水分子（H_2O）重量為18公克。由於1.8公升的水重量為1800公克，將1800公克除以18公克，會得到100，因此1.8公升的水中含有100莫耳的水分子。又因1莫耳等於6.02×10^{23}個，所以100莫耳的水分子數量為

$$6.02\times10^{23}\times100=6.02\times10^{25}個$$

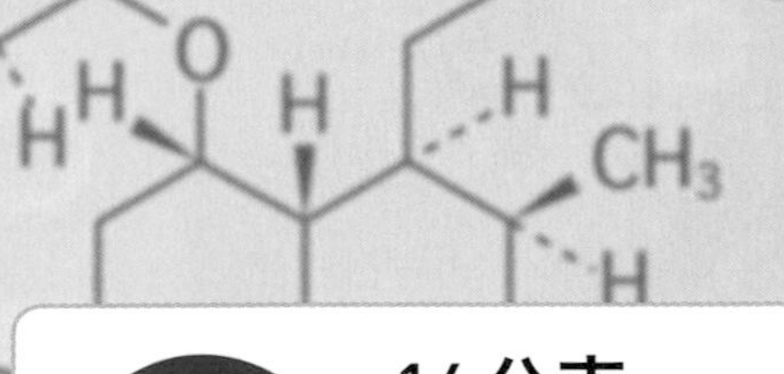

A2

16公克

氧分子（O_2）的分子量為32。換句話說，1莫耳的氧氣質量為32公克。新的氧氣瓶中含有的氧氣量為0.5莫耳，所以其質量為

$$0.5\times32=16公克$$

2

來研究原子和元素吧

在20世紀初，人們揭示了「原子」的結構，並發現各種「元素」的性質是由「電子」所產生的。那麼，原子到底是什麼樣的東西呢？它的性質又是如何被確立的呢？這一章就一起來仔細探究化學的基礎 —— 原子。

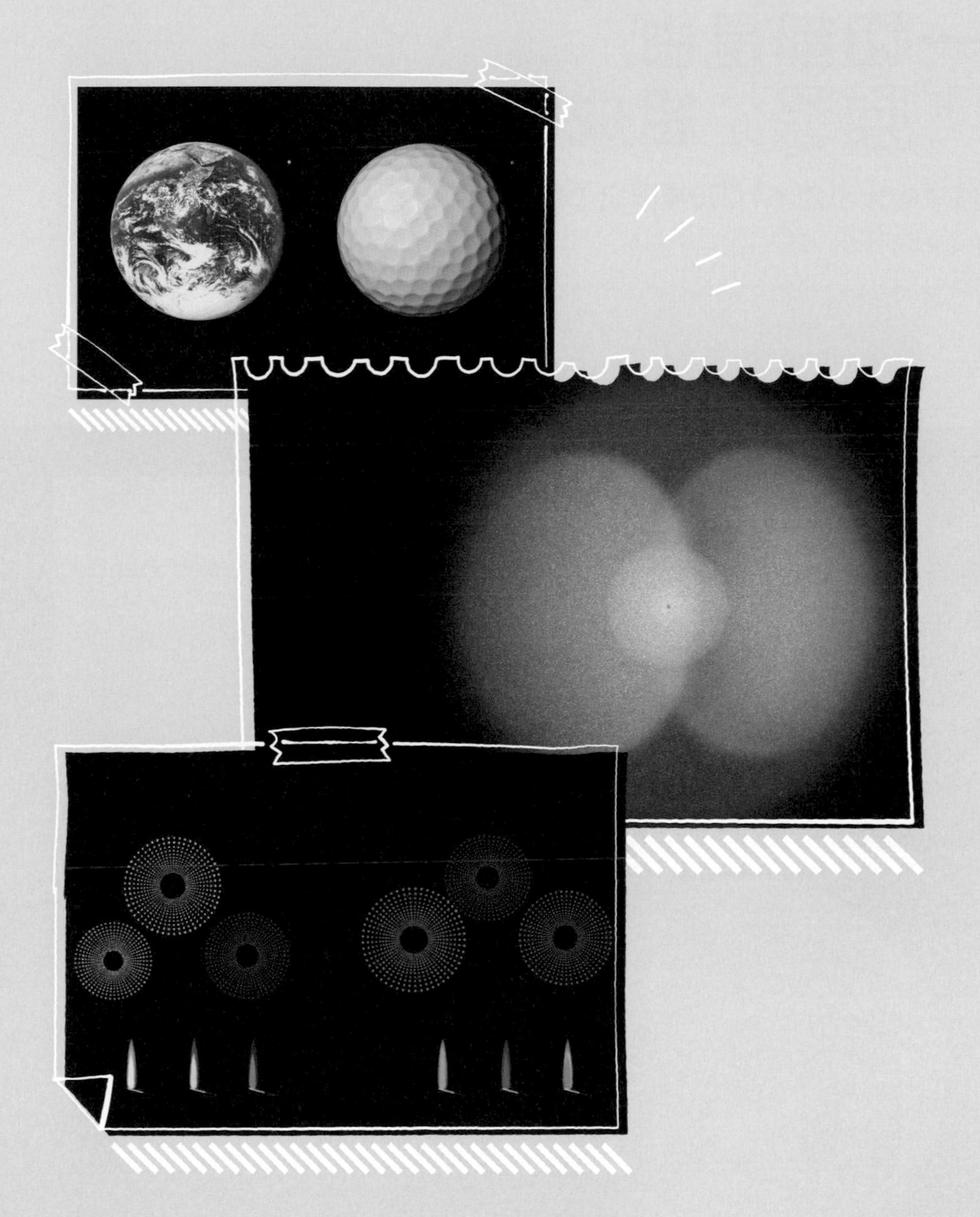

一切都是由「原子」組成的

原子的大小約為1000萬分之1毫米

原子非常微小，但數量非常龐大

原子的大小約為10^{-10}公尺（1000萬分之1毫米）。如果將高爾夫球放大到地球的大小，則原子的大小就相當於原來的高爾夫球。

此外，1茶匙（5毫升）的水中所含的水分子數量，遠遠超過地球的總人口數和銀河系中的恆星數量。

高爾夫球（直徑約4公分）

地球（直徑約1萬3000公里）

原子（直徑約10^{-10}公尺）

高爾夫球

世界上所有的物質都是由「原子」組成的。**包括空氣、地球和生物等等，所有的東西都是由原子構成的**。

美國的物理學家費曼（Richard Feynman，1918～1988）曾這樣說過：「如果在某次大災難中，所有的科學知識都將被毀滅，人類只能將一句話傳達給下一個時代的生物，那麼，怎樣的說法能以最少的詞彙包含最多的信息呢？我相信那就是『原子假說』……即『一切都是由原子組成的』。」

雖然平常無法察覺，但就連我們自己也是由原子組成的，只是因為原子太小了，所以感覺不到。一個原子的平均大小約為1000萬分之1毫米，用小數表示的話，就是0.0000001毫米。**高爾夫球和一個原子的大小差別，跟地球和高爾夫球的大小差別正好是一樣的**。

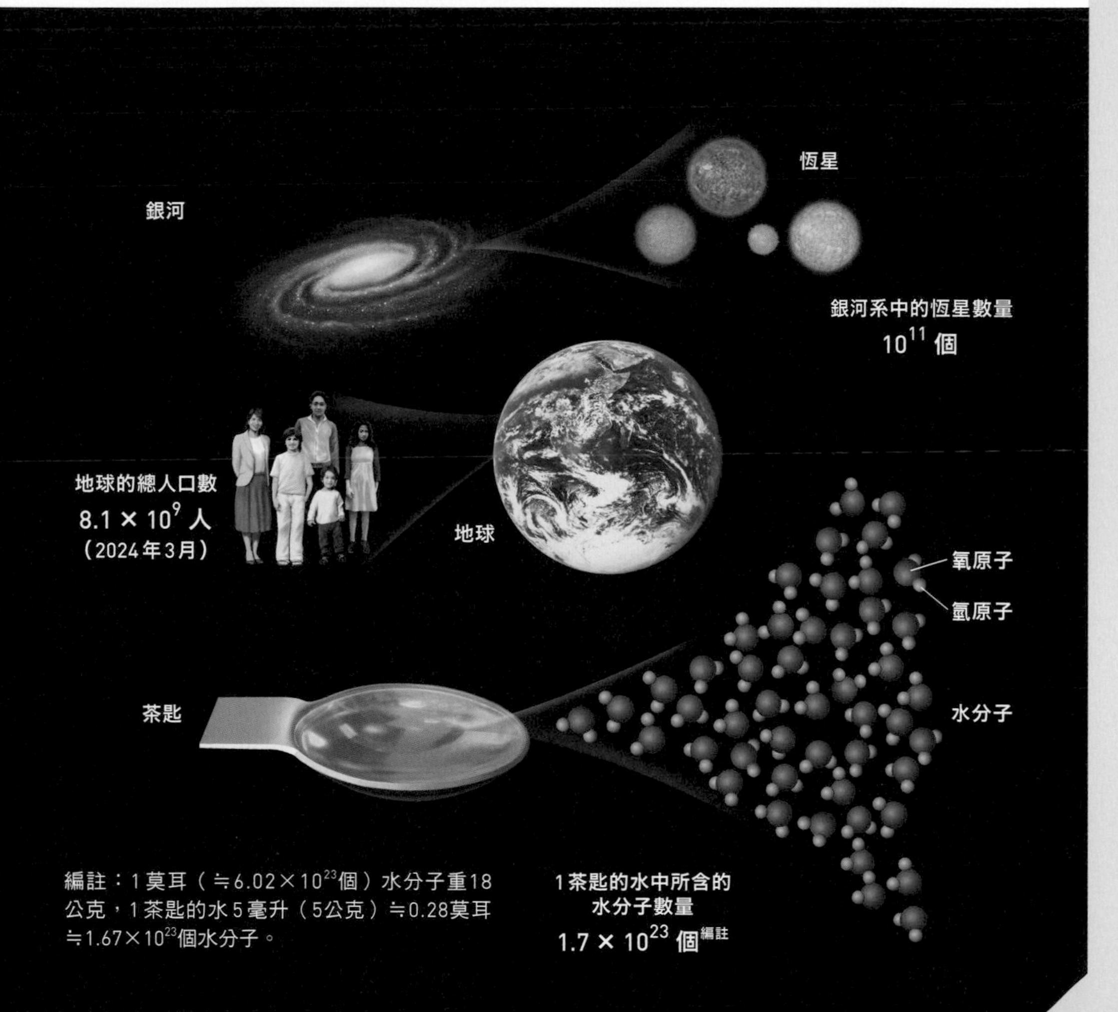

編註：1莫耳（≒6.02×10^{23}個）水分子重18公克，1茶匙的水5毫升（5公克）≒0.28莫耳≒1.67×10^{23}個水分子。

一窺原子的「內部」

原子的種類是由「質子」的數量決定的

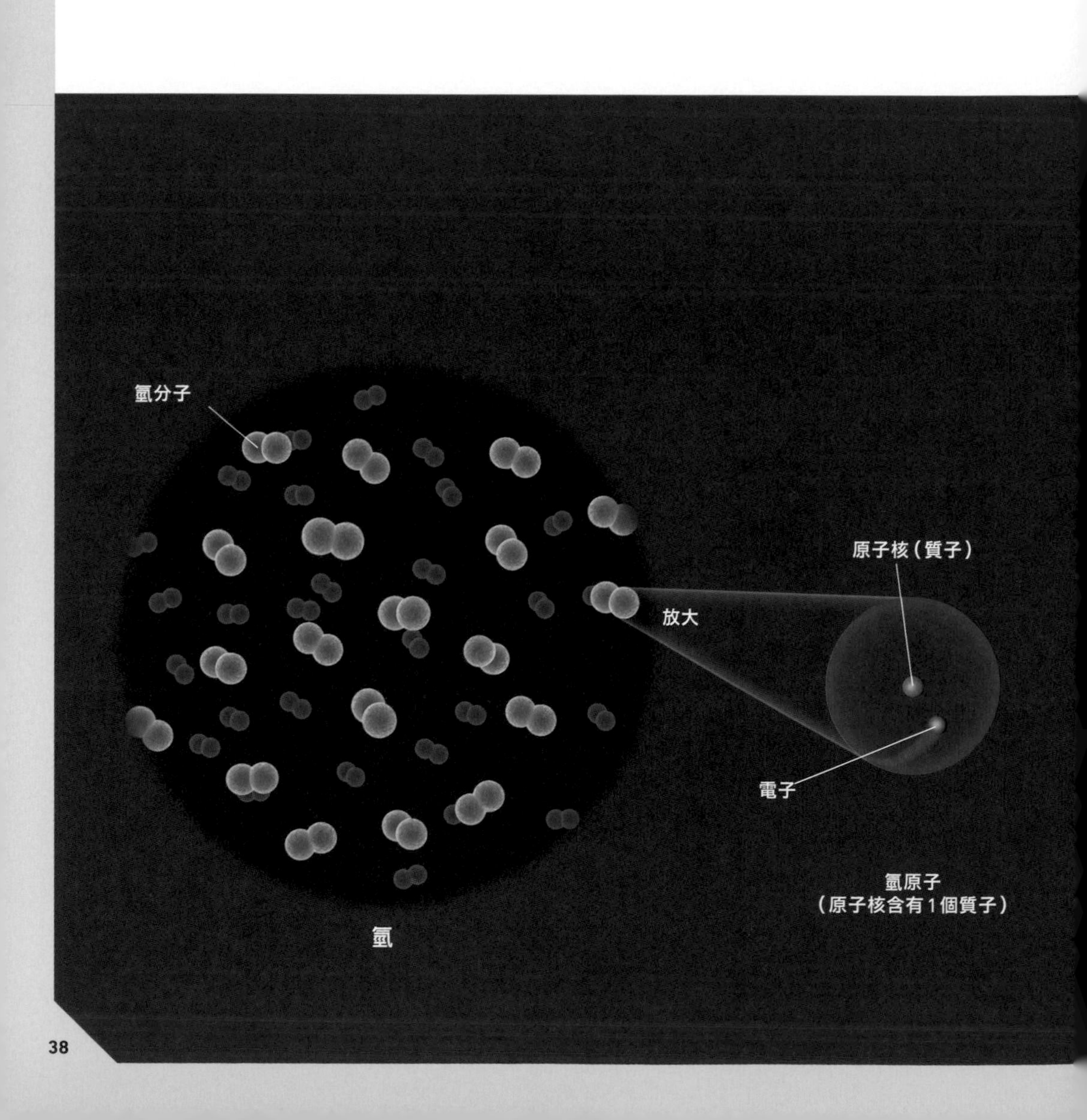

原子是所有物質的組成要素，那麼原子到底是什麼呢？

原子的中心有一個「原子核」（atomic nucleus），原子核是由「質子」（proton）和「中子」（neutron）組合而成的。質子帶有正電荷，而中子則是電中性。

此外，在原子核的周圍有著帶負電荷的「電子」。質子的數量和電子的數量是相同的，使整個原子呈現電中性。

原子的種類是根據原子核中的質子數量來決定的。而質子的數量也被稱為「原子序」（atomic number）。

氫原子的原子序為1，包含一個質子和一個電子。氧原子的原子序為8，含有8個質子和8個電子。

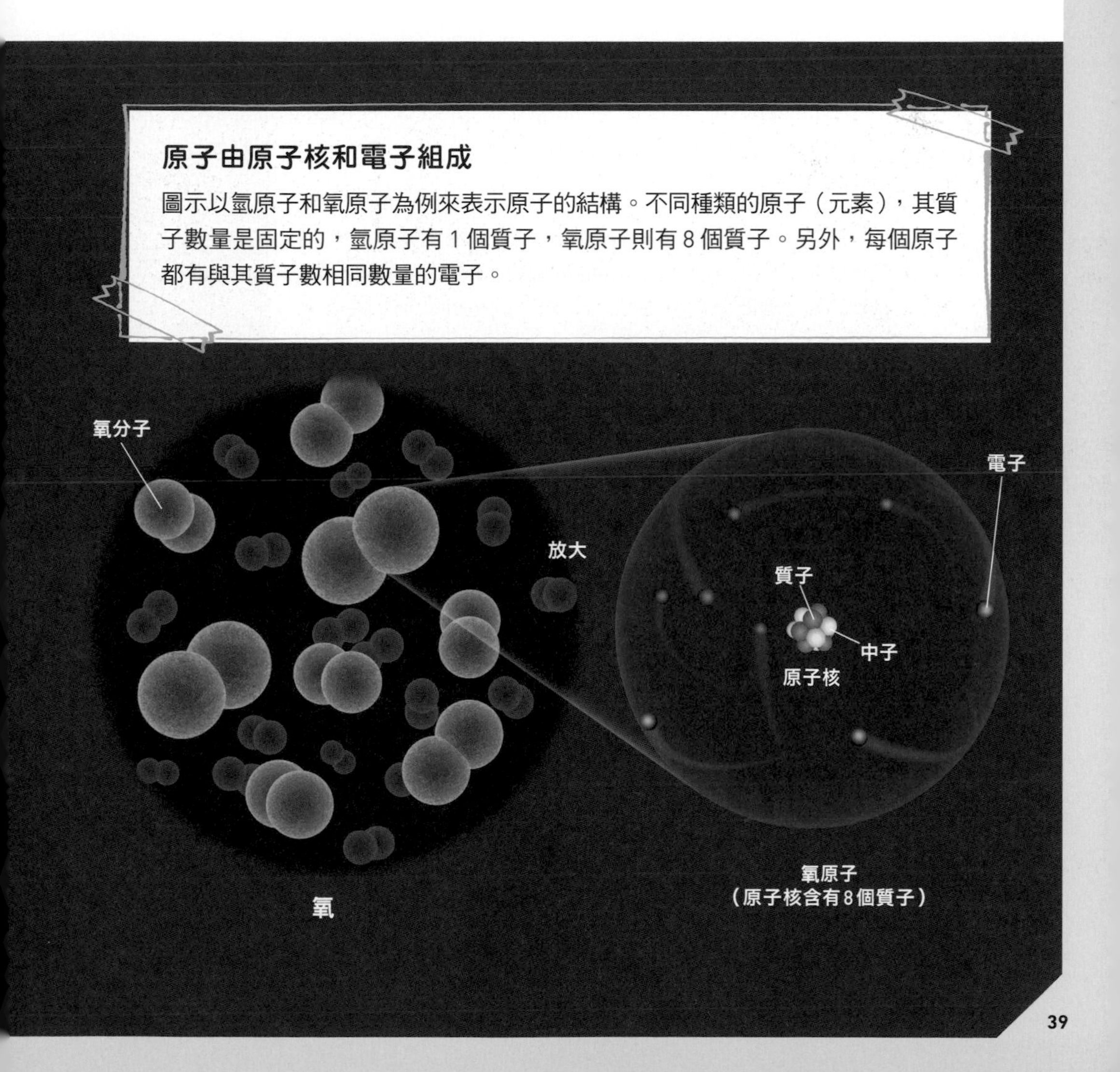

原子由原子核和電子組成

圖示以氫原子和氧原子為例來表示原子的結構。不同種類的原子（元素），其質子數量是固定的，氫原子有1個質子，氧原子則有8個質子。另外，每個原子都有與其質子數相同數量的電子。

来研究原子和元素吧

原子中的「電子」分散在不同的層

電子的位置遵循特定的規則

位於原子內部的電子，其位置分布遵循著特定的規則。電子可以存在的區域稱為「電子殼層」（electron shell）編註，並分為幾個不同的層次。

電子殼層從內側到外側，依序稱為「K層」、「L層」、「M層」……，而愈外側的

原子內的電子分別存在於不同的「殼層」

圍繞在原子核外的電子，分布於稱為「電子殼層」的層狀結構中。電子傾向於進入靠近原子核的內側殼層，但每個電子殼層能容納的電子數量（容納量）有限。此外，當電子填滿一個電子殼層時，稱為「閉合殼層」（closed shell），此時的電子配置是穩定的。

原子序是指原子核中的「質子數」

週期表中的元素按照每個元素特定的「原子序」順序排列，原子序對應到原子核中的質子數。右圖所示為一個碳原子，原子核中有6個質子，因此原子序為6。此外，帶有負電的電子數量，與帶正電的質子數量相等。

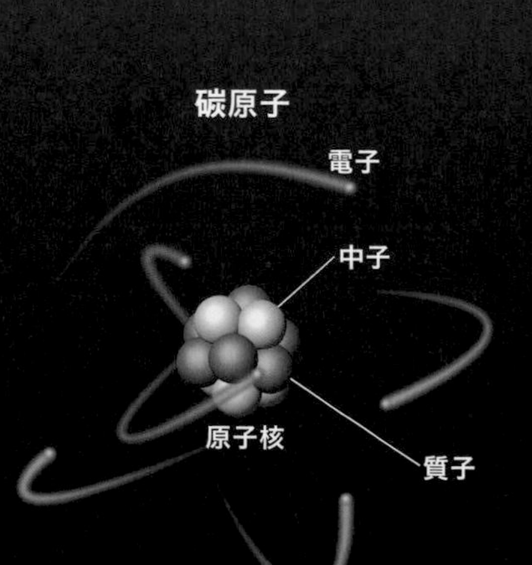

電子殼層中，能容納的電子數量（容納量）就愈多。基本上，電子是從靠近原子核的內側電子殼層開始填滿。然而，在鉀元素之後的元素，會先讓電子進入外側殼層，使內側殼層中留下一些「空位」。

事實上，**週期表上的橫列（週期）與原子所擁有的電子能填到最外側哪個電子殼層相對應**。例如，原子序11的鈉（Na）位於第3週期，因此可知，它的電子所存在的最外側殼層，是從內側數起第3層的M層（K層有2個電子，L層有8個電子，M層有1個電子）。

編註：波耳（Niels Bohr）於1913年提出原子結構的模型，認為電子一組一組地圍繞著原子核以特定的距離旋轉，所以軌跡就形成了一個殼。同一電子殼層中的電子能量有些微差異，根據這些差異可把一個主電子層分為一個或n個亞電子層。K 層有1個亞層；L層有2個亞層；M層有3個亞層；N～Q層有4～7個亞層〔參見《新觀念伽利略-量子論》第96～97頁〕。

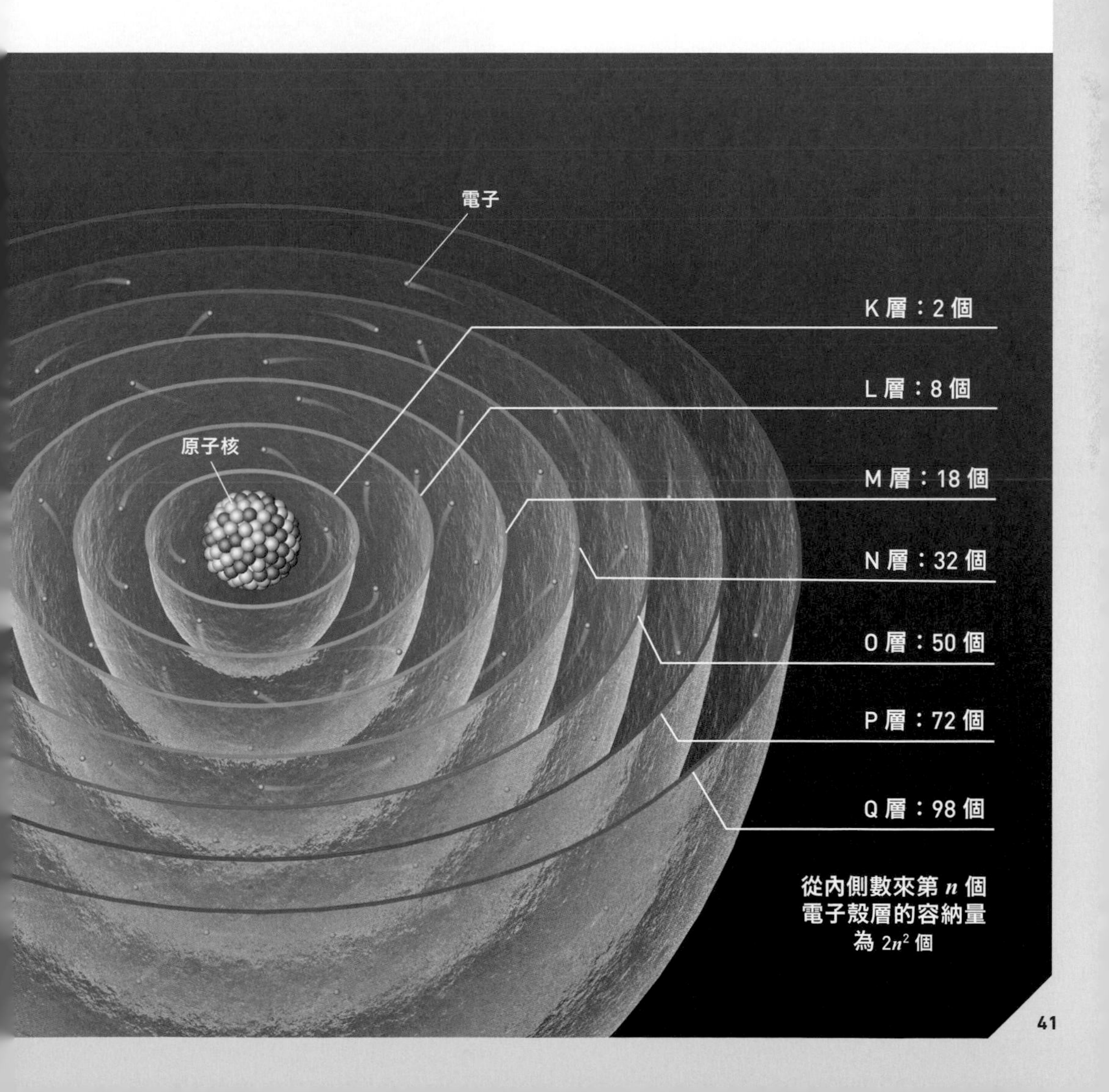

現代科學所揭示的原子樣貌

原子由一個小小的原子核和圍繞其周圍的「電子雲」組成

直徑約為1000萬分之1毫米的微小原子，是我們肉眼無法直接觀察到的。雖然使用特殊的顯微鏡可以大致看到它的形狀，但仍然無法看到詳細的結構。

不過，近代科學家們的研究，為世界揭示了原子的詳細形態。

右圖所示為原子的樣貌，其中不同形狀的雲狀物體代表「電子」。這些雲狀物體顯示了電子存在的區域。

中央的粉紅色小球代表「原子核」。原子的質量幾乎全部集中在這個原子核中。然而，原子核的半徑只有整個原子的約1萬分之1，這個大小甚至難以畫成一個看得見的點。

總而言之，原子由原子核和圍繞其周圍的「電子雲」(electron cloud)編註組成。

編註：科學研究發現電子並不像粒子或點，而是「像雲一樣模糊地存在」。也就是說，電子的存在具有由機率密度函數表示的空間分布，這種電子狀態稱為電子雲。

被「電子雲」圍繞著的原子

這是科學家們所揭示的原子樣貌。模糊的雲狀物(電子雲)重疊在一起，形成一個球體。位在中央的是一個非常微小的「原子核」。

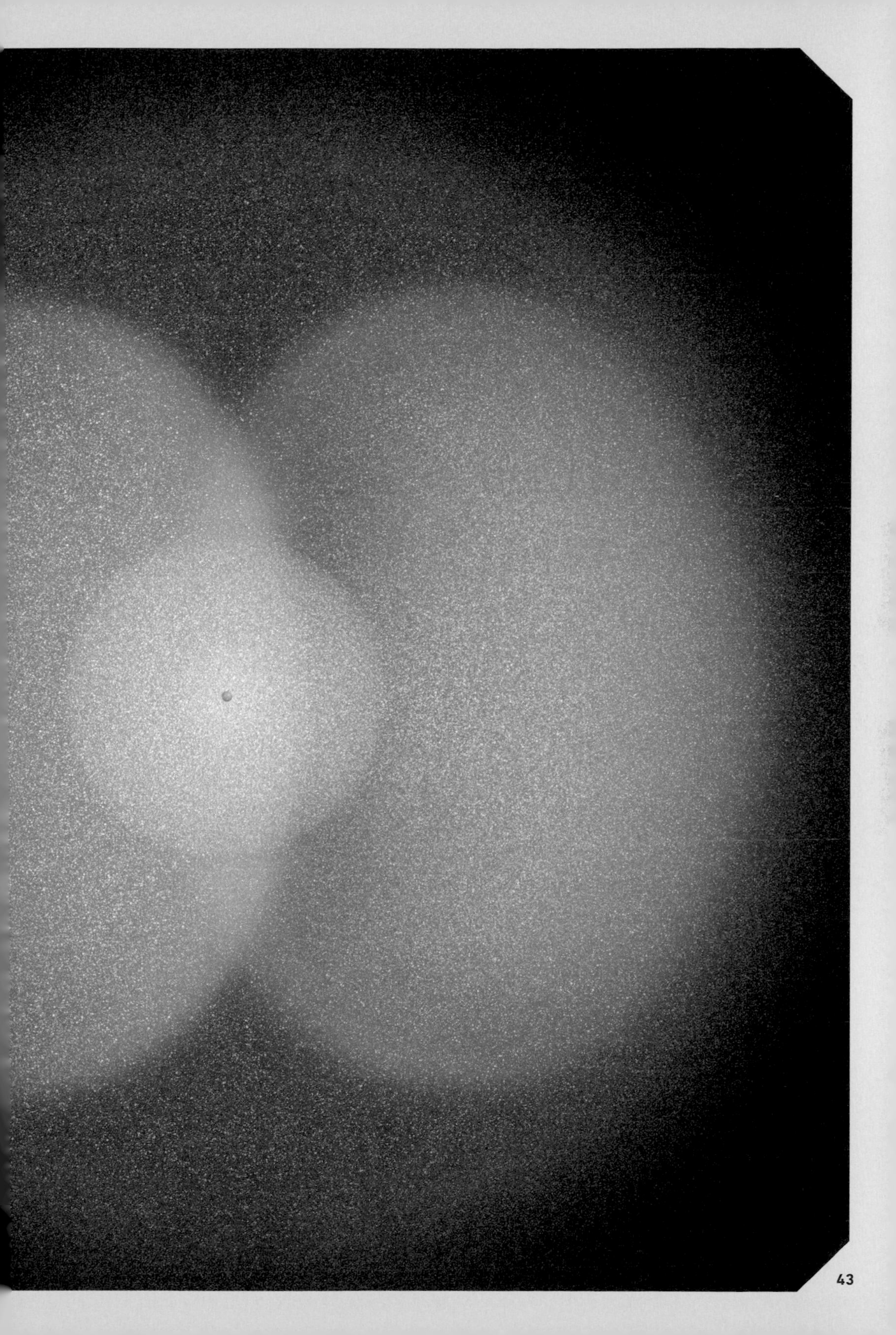

「週期表」是化學的導覽圖

經過大約150年的時間才演變成現在的形式

鹼金屬（alkali metal）元素

除了氫之外的第 1 族元素。具有容易形成價數（valence number，粒子間相反電荷結合的化學鍵數量）為 1 的陽離子的性質。其中具有高反應性的元素很多，如果要獲得單質（simple substance，只由同一元素形成的物質），需要將鹼金屬元素的化合物溶解並進行電解。

鹼土金屬（alkaline earth metal）元素

除了鈹（Be）和鎂（Mg）之外的第 2 族元素。具有容易形成價數為 2 的陽離子的性質，且這種傾向隨著原子序的增加而變得更加明顯。

過渡（transition）元素

第3～11族的元素。同一橫列上的元素（同週期的元素）通常具有相似的性質。

錒系元素（actinides）

原子序為89～103的元素。一般認為只有原子序為92的鈾（U）及之前的元素，在自然界中有一定的存在量。原子序93～103的錒系元素則是透過粒子加速器（particle accelerator）和核反應爐（nuclear reactor）等的實驗，以人工方式合成而發現的。[編註]

族 — 1
週期 — 1
H — 1 — 原子序
H — 元素符號
氫 — 元素名稱

金屬
非金屬
性質不明

週期 \ 族	1	2	3	4	5	6	7	8	9
1	1 H 氫								
2	3 Li 鋰	4 Be 鈹							
3	11 Na 鈉	12 Mg 鎂							
4	19 K 鉀	20 Ca 鈣	21 Sc 鈧	22 Ti 鈦	23 V 釩	24 Cr 鉻	25 Mn 錳	26 Fe 鐵	27 Co 鈷
5	37 Rb 銣	38 Sr 鍶	39 Y 釔	40 Zr 鋯	41 Nb 鈮	42 Mo 鉬	43 Tc 鎝	44 Ru 釕	45 Rh 銠
6	55 Cs 銫	56 Ba 鋇	57~71 鑭系元素	72 Hf 鉿	73 Ta 鉭	74 W 鎢	75 Re 錸	76 Os 鋨	77 Ir 銥
7 週期	87 Fr 鍅	88 Ra 鐳	89~103 錒系元素	104 Rf 鑪	105 Db 𨧀	106 Sg 𨭎	107 Bh 𨨏	108 Hs 𨭆	109 Mt 䥑

57 La 鑭	58 Ce 鈰	59 Pr 鐠	60 Nd 釹	61 Pm 鉕	62 Sm 釤
89 Ac 錒	90 Th 釷	91 Pa 鏷	92 U 鈾	93 Np 錼	94 Pu 鈽

編註：原子序43（鎝）、61（鉕）、85（砈）、93（錼）、94（鈽）是先在實驗室中合成後，才在自然界中發現的。

元素是構成物質的基本成分。例如水（H_2O）是由氫（H）和氧（O）兩個元素組成，所有物質都像這樣，由不同元素組成。

將元素進行妥善地整理和分類後，「週期表」就誕生了。週期表最早是由俄羅斯化學家門得列夫（Dmitri Mendeleev，1834～1907）於1869年提出的（下一單元）。此後，每當發現新的元素，週期表都會進行相對應的修改。截至2024年3月，週期表上一共匯集了118個元素。

在週期表上，縱向的行稱為「族」（group或family），橫向的列稱為「週期」（period）。同一族的元素基本上具有相似的性質（第50～51頁）。此外，針對一個元素屬於金屬或非金屬、是否易於進行化學反應等問題，透過週期表中的關聯性來思考的話，就可以更加深對化學的理解。因此，週期表可說是化學的導覽圖。

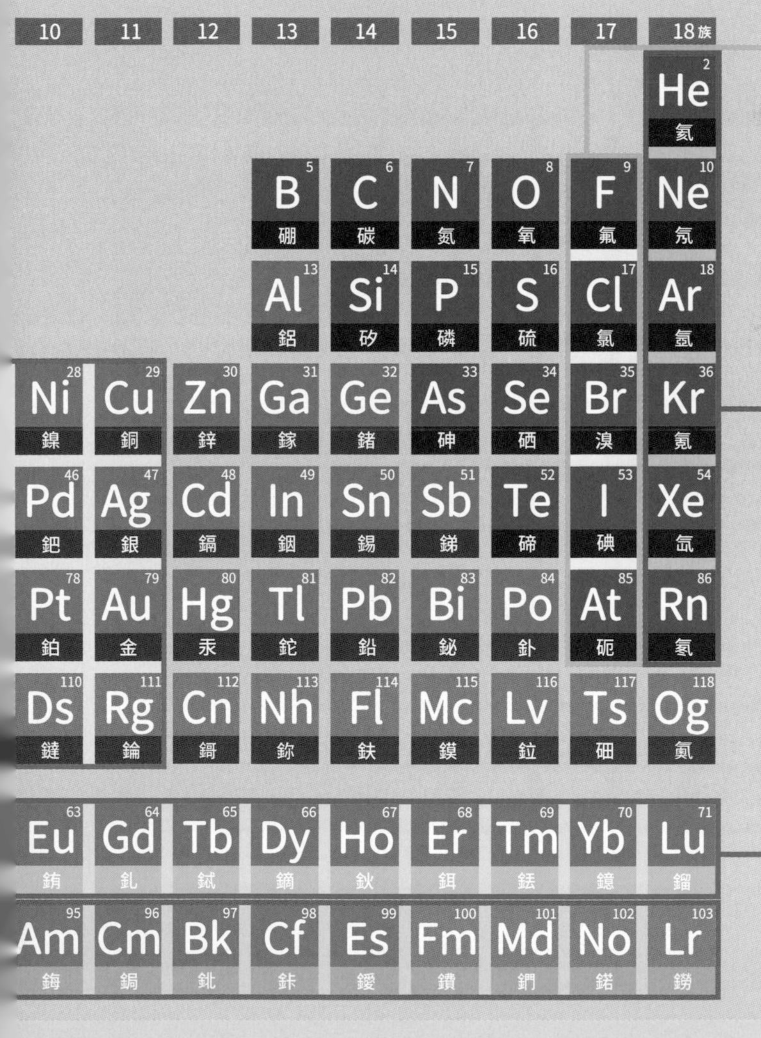

鹵素（halogen）

第17族的元素。具有容易形成價數為1的陰離子的性質，並且被認為具有從其他物質中奪取電子的強大能力（氧化力）。然而，隨著原子序的增加，鹵素的氧化力會逐漸減弱。

惰性氣體（inert gas）

第18族的元素。這些原子幾乎不與其他原子形成化合物，是很穩定的原子，基本上是以單一個原子（單原子分子）存在的氣體。

鑭系元素（lanthanides）

原子序為57～71的元素。鑭系元素再加上鈧（Sc）和釔（Y），共計17個元素，稱為稀土元素（rare-earth element）。

Column

Coffee Break

以紙牌遊戲為靈感製作週期表

門得列夫製作的週期表

	I	II	III	IV	V	VI	VII	VIII		
1	H =1									
2	Li =7	Be =9.4	B =11	C =12	N =14	O =16	F =19			
3	Na =23	Mg =24	Al =27.3	Si =28	P =31	S =32	Cl =35.5			
4	K =39	Ca =40	? =44	Ti =48	V =51	Cr =52	Mn =55	Fe =56	Co =59	Ni =59
5	Cu =63	Zn =65	? =68	?* =72	As =75	Se =78	Br =80			
6	Rb =85	Sr =87	Yt =88	Zr =90	Nb =94	Mo =96	? =100	Ru =104	Rh =104	Pd =106
7	Ag =108	Cd =112	In =113	Sn =118	Sb =122	Te =125	J =127			
8	Cs =133	Ba =137	Di =138	Ce =140	?	—	?	—	—	—
9	—	—	—	—	—	—	—			
10	?	—	Er =178	La =180	Ta =182	W =184	—	Os =195	Ir =197	Pt =198
11	Au =199	Hg =200	Tl =204	Pb =207	Bi =208	—	—			
12	?	—	—	Th =231	—	U =240	—	—	—	—

依據1870年在德國學術雜誌上發表的週期表製作。

1869年，門得列夫在撰寫一本化學教科書時，正為如何介紹元素而苦惱不已。

當時已經發現的元素共有63種，並且已知有一些元素具有相似的性質。然而，尚未有人對它們進行整理。

這時，門得列夫突發奇想，用一種類似於他喜歡的紙牌遊戲的方法來排列這些元素。他在紙牌上寫下元素的名稱和元素的重量（原子量），然後將具有相似性質的元素分組，並按照原子量的順序排列。經過多次重新排列，「週期表」終於問世了。

門得列夫的週期表獨特之處在於，在排列元素時，他將沒有對應元素的位置留空，並且大膽預言那裡應該存在尚未發現的元素。事實上，在門得列夫還在世的期間，又發現了「鈧」、「鎵」和「鍺」三個前所未見的元素。

元素的性質是如何決定的？

元素的性質取決於其最外層電子的數量

第 1 族

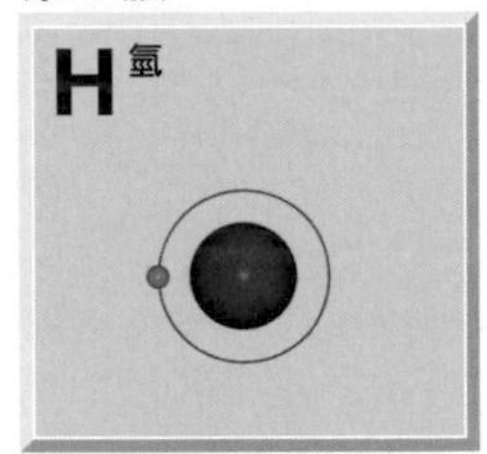

Li 鋰

第 2 族

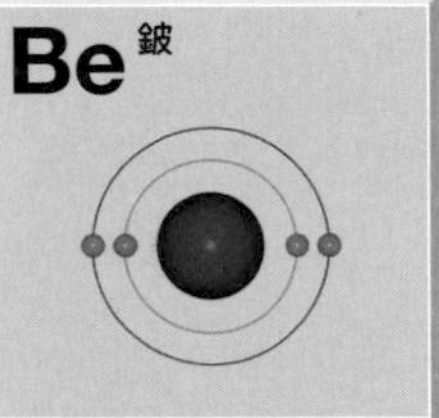
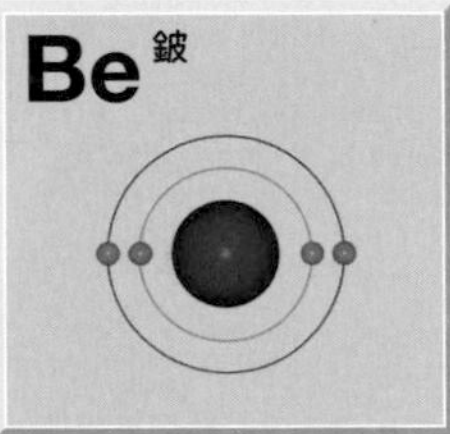

第 13 族

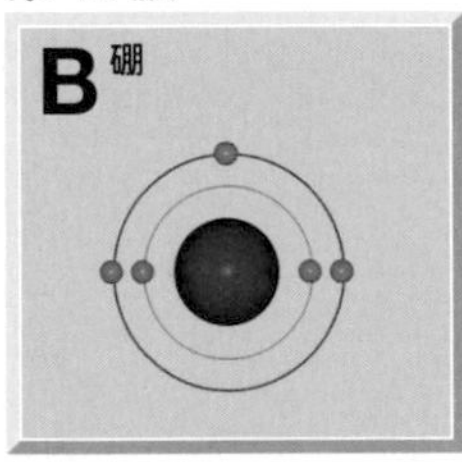

第 14 族

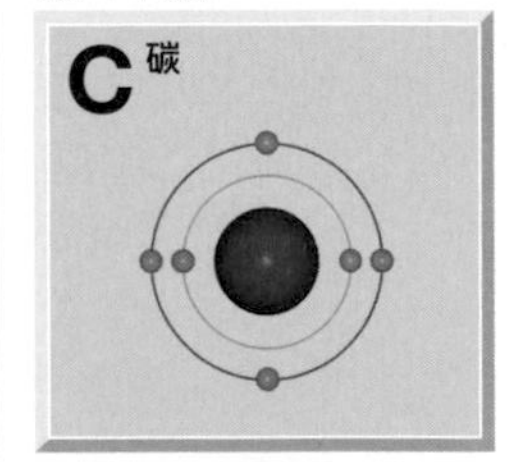

Na 鈉

Mg 鎂

Al 鋁

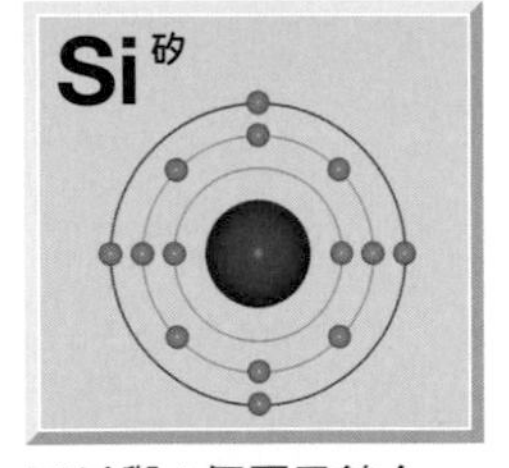

易失去電子，可以與1個原子結合。

易失去電子，可以與1～2個原子結合。

易失去電子，可以與1～3個原子結合。

可以與4個原子結合。

進入20世紀後，發現元素的化學性質是由「電子」所決定的。電子存在於原子核周圍，稱為「電子殼層」的層狀結構中。電子殼層中有一定數量的「空位」，而電子會按照由內到外的順序填滿這些空位（第40～41頁）。

電子帶有負電荷，而質子則帶有正電荷。因此，如果原子核中的質子數等於電子數，正電荷和負電荷會互相抵消，使整個原子處於電中性的狀態。此時，**位於原子最外側殼層的電子，是與其他原子發生反應的直接參與者，因此一個元素最外層電子的數量，決定了這個元素的化學性質**。

化學反應的進行，最終取決於最外層電子與其他原子進行什麼樣的交換。這些參與反應的電子稱為「價電子」（valence electron）。編註

編註：價電子就是具有形成化學鍵能力的電子，也決定該元素傳輸電流能力的強弱。價電子若吸收熱能或光能而跳脫原子核的束縛能，該原子即稱為離子，而脫離的電子則稱為自由電子。

第 18 族

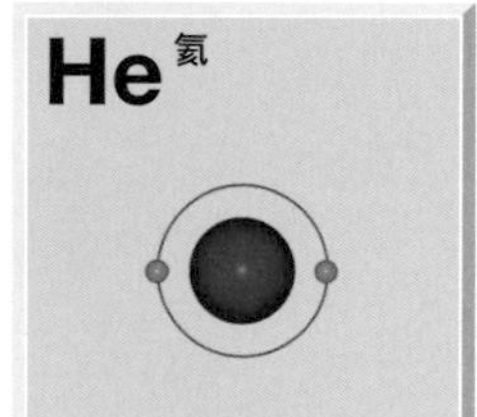

第 15 族

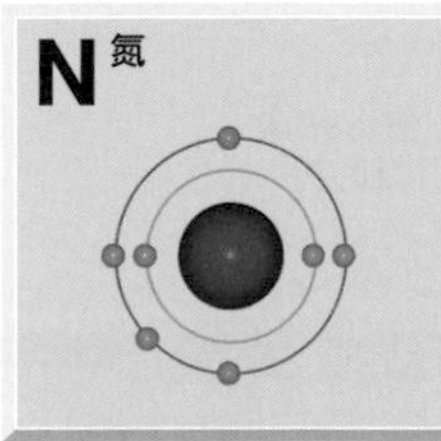

第 16 族

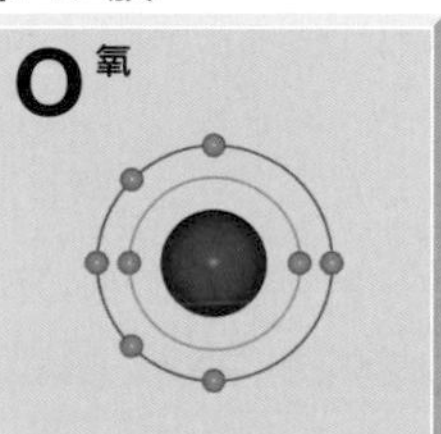

第 17 族

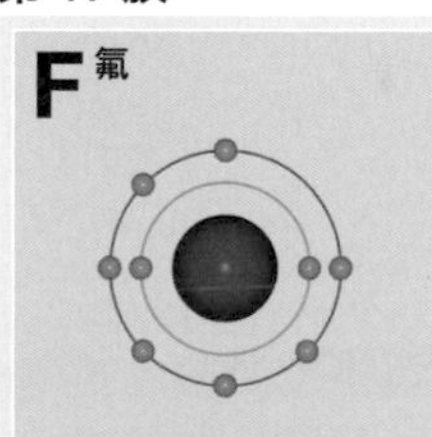

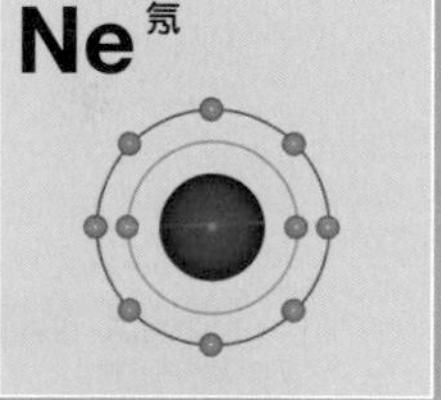

P 磷

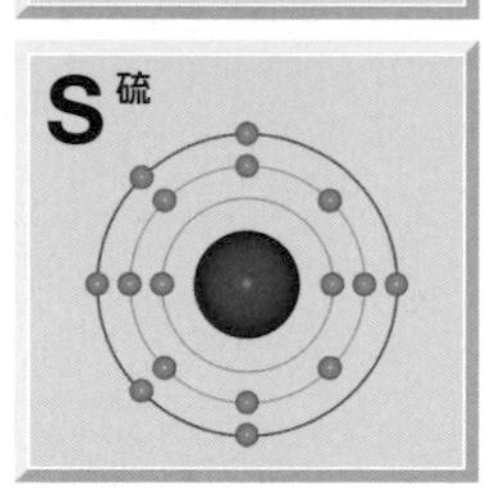

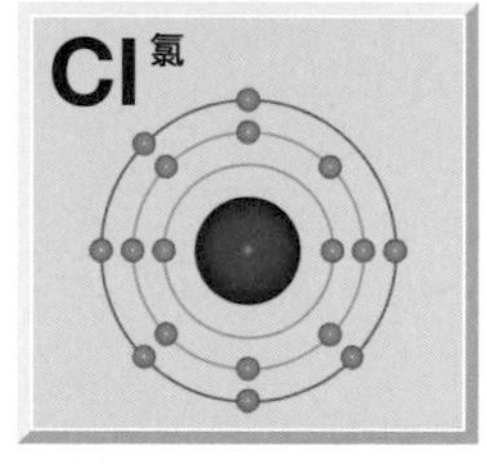

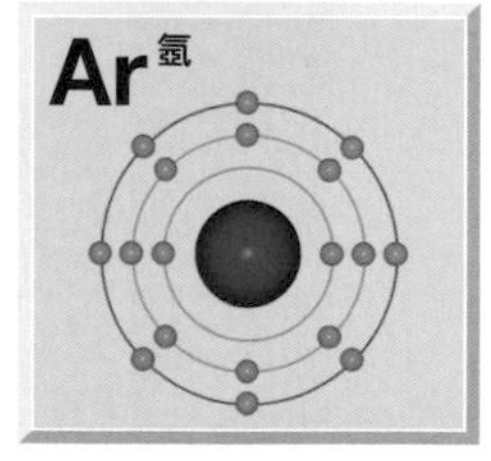

易接受電子，可以與1～3個原子結合。

易接受電子，可以與1～2個原子結合。

易接受電子，可以與1個原子結合。

由於最外側殼層沒有空位，因此不容易與其他原子發生反應。

縱向直行的元素具有相似的特性

電子的增減取決於最外側殼層中的「空位」數量

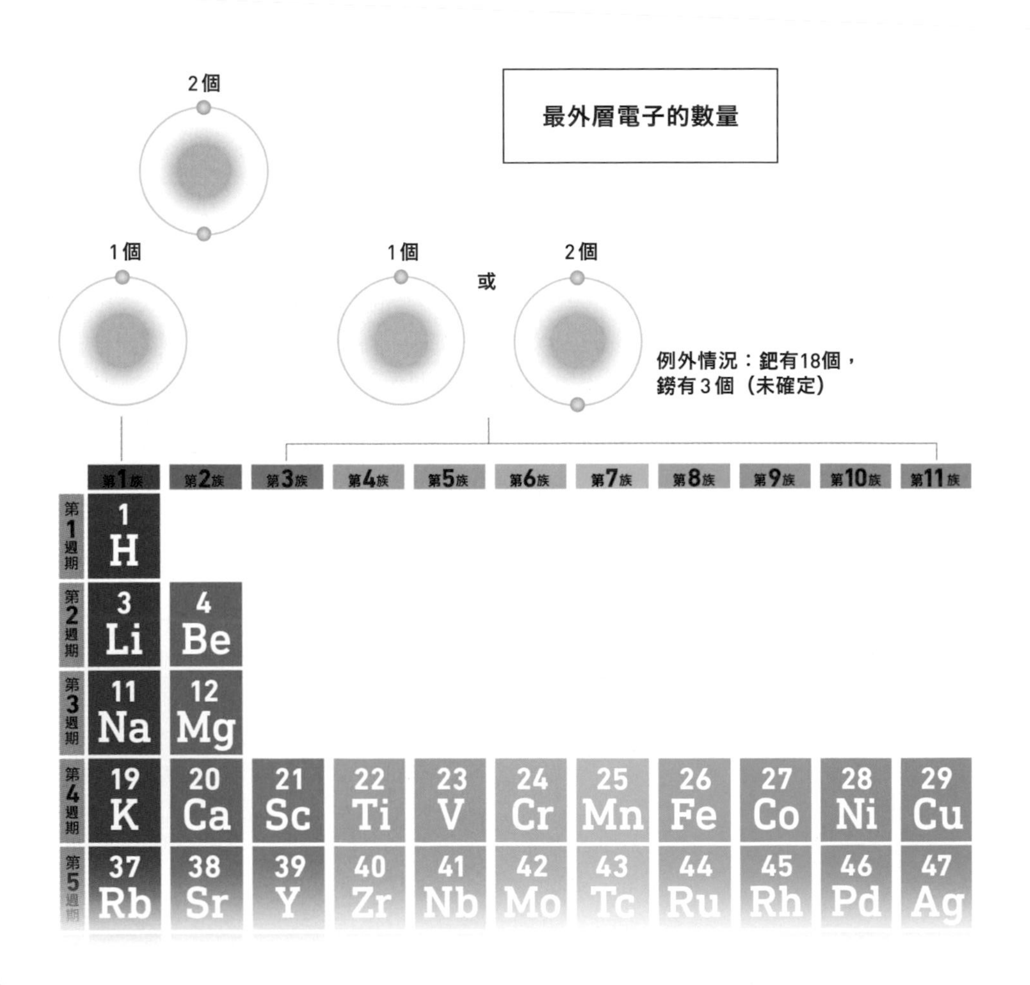

在元素週期表上很重要的一個性質是，「縱向直行的元素具有相似的特性」。**元素週期表中，縱向的直行稱為「族」，且同一族的元素具有相似的特性**。為什麼會這樣呢？

觀察同一族的元素，可以發現它們最外側殼層中的電子數量是相同的（見下方週期表）。例如，在元素週期表最左側的第1族中，所有元素最外層電子的數量都只有1個。

另一方面，在元素週期表最右側的第18族中，除了氦（He）之外，所有元素最外層電子的數量都是8個。最外層電子的數量，在決定原子的特性時扮演著非常重要的角色。

需要注意的是，第3～11※族的元素稱為「過渡元素」，它們大多數最外層電子的數量為1個或2個。過渡元素不僅在縱向上具有相似的特性，而且位在同個橫列上的元素也具有相似的特性。

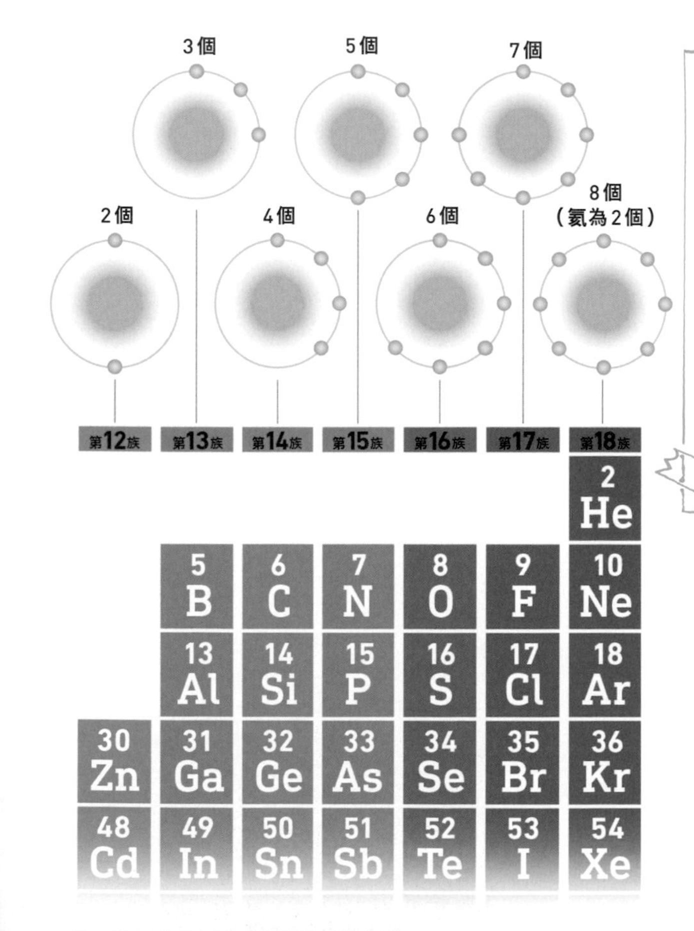

最外層電子數根據族而定

第1～2族和第12～18族稱為「典型元素」（typical element），最外層電子數與族的個位數字相符（氦除外）。第3～11族稱為「過渡元素」，最外層電子數通常為1或2個。

※：第12族有時也會被視為過渡元素。

同一元素中存在不同重量的原子

逆轉現象的原因是「同位素」

元素的原子量（第30頁）通常會隨著原子序（質子數）的增加而增加。然而，在氬（Ar）和鉀（K）、鈷（Co）和鎳（Ni）、碲（Te）和碘（I）、釷（Th）和鏷（Pa）這4個位置上，發生了原子序雖然增加，但原子量卻減少的逆轉現象。

這種逆轉現象的原因是「同位素」（isotope）。同位素的發現者是英國化學家索迪（Frederick Soddy，1877～1956）。1913年，索迪發表了「相同的元素之中也存在不同重量的原子」，並將其命名為「同位素」。這意謂著即使重量不同，它們在元素週期表中的位置是相同的（即同一元素）。

在1930年代，人們發現原子核由質子和中子組成，並**發現同位素的重量差異源於中子數的差異**。編註

編註：中子數對原子的「核性質」有很大的影響，但對大多數原子的「化學性質」之影響可忽略不計。

原子量的逆轉

按原子序（質子數）排列元素的週期表中，有4個位置雖然原子序增加了一號，但原子量卻減少了。

	$_{18}$Ar	$_{19}$K	$_{27}$Co	$_{28}$Ni	$_{52}$Te	$_{53}$I	$_{90}$Th	$_{91}$Pa
原子量…	39.95	39.10	58.93	58.69	127.6	126.9	232.0	231.0

	1	2	3	4	5	6	7	8	9	10	11	12	13	14	15	16	17	18
1	1 H																	2 He
2	3 Li	4 Be											5 B	6 C	7 N	8 O	9 F	10 Ne
3	11 Na	12 Mg											13 Al	14 Si	15 P	16 S	17 Cl	18 Ar
4	19 K	20 Ca	21 Sc	22 Ti	23 V	24 Cr	25 Mn	26 Fe	27 Co	28 Ni	29 Cu	30 Zn	31 Ga	32 Ge	33 As	34 Se	35 Br	36 Kr
5	37 Rb	38 Sr	39 Y	40 Zr	41 Nb	42 Mo	43 Tc	44 Ru	45 Rh	46 Pd	47 Ag	48 Cd	49 In	50 Sn	51 Sb	52 Te	53 I	54 Xe
6	55 Cs	56 Ba	57~71	72 Hf	73 Ta	74 W	75 Re	76 Os	77 Ir	78 Pt	79 Au	80 Hg	81 Tl	82 Pb	83 Bi	84 Po	85 At	86 Rn
7	87 Fr	88 Ra	89~103	104 Rf	105 Db	106 Sg	107 Bh	108 Hs	109 Mt	110 Ds	111 Rg	112 Cn	113 Nh	114 Fl	115 Mc	116 Lv	117 Ts	118 Og
				57 La	58 Ce	59 Pr	60 Nd	61 Pm	62 Sm	63 Eu	64 Gd	65 Tb	66 Dy	67 Ho	68 Er	69 Tm	70 Yb	71 Lu
				89 Ac	90 Th	91 Pa	92 U	93 Np	94 Pu	95 Am	96 Cm	97 Bk	98 Cf	99 Es	100 Fm	101 Md	102 No	103 Lr

表示同位素的方法

表示同位素時，會在元素名後面加上質量數（mass number）。例如，由2個質子和1個中子組成的氚，也記為「氫-3」。以符號表示時，將質量數放在左上角，表示為「^{3}H」。但在表示同位素中存在比例最大的原子（如氫的氫-1）時，通常會將數字省略。

質量數
=質子數＋中子數

$$^{3}_{1}H$$

原子序
=質子數

原子透過電子的進出而變成「離子」

可從週期表中預測會變成何種離子

編註：每個主電子層的極限電子數為$2n^2$個電子。M層（第3層）的極限電子數為2×3^2＝18個電子（參見第40～41頁）。

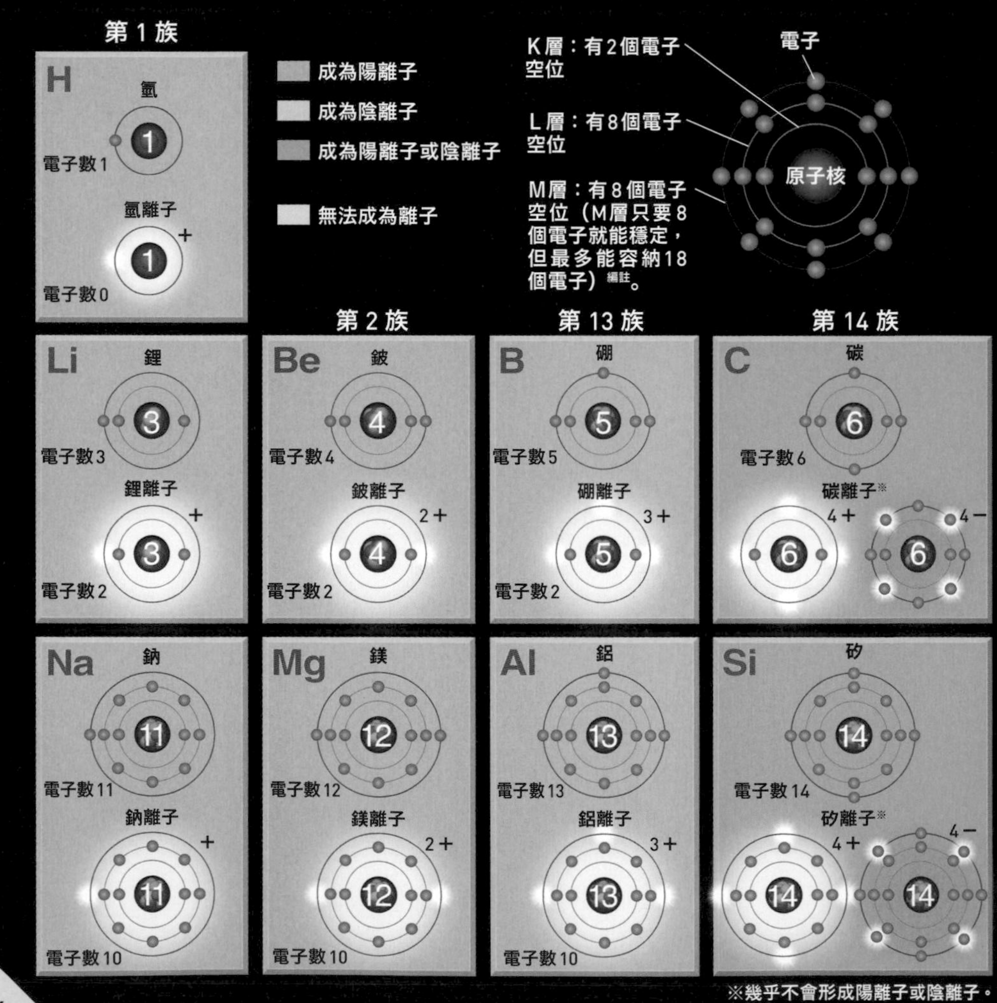

原子透過與其他原子交換電子來填滿最外層的電子空位，以達到穩定的狀態。**當原子接收到電子，使電子數量超過質子的數量，此時整體就會帶負電荷，稱為「陰離子」(anion)。另一方面，當原子將電子轉移給其他原子，使質子的數量超過電子的數量，整體就會帶正電荷，稱為「陽離子」(cation)**。

例如，氯原子的最外層只有一個空位，當它接收1個電子成為陰離子時，最外層的空位就會被填滿而變得穩定。反之，鈉原子的最外層只有1個電子，還有7個空位，當它釋放出1個最外層的電子成為陽離子時，也能達到穩定狀態。

另外，像氖原子這種最外層的空位已經被填滿的原子，則很難成為離子。

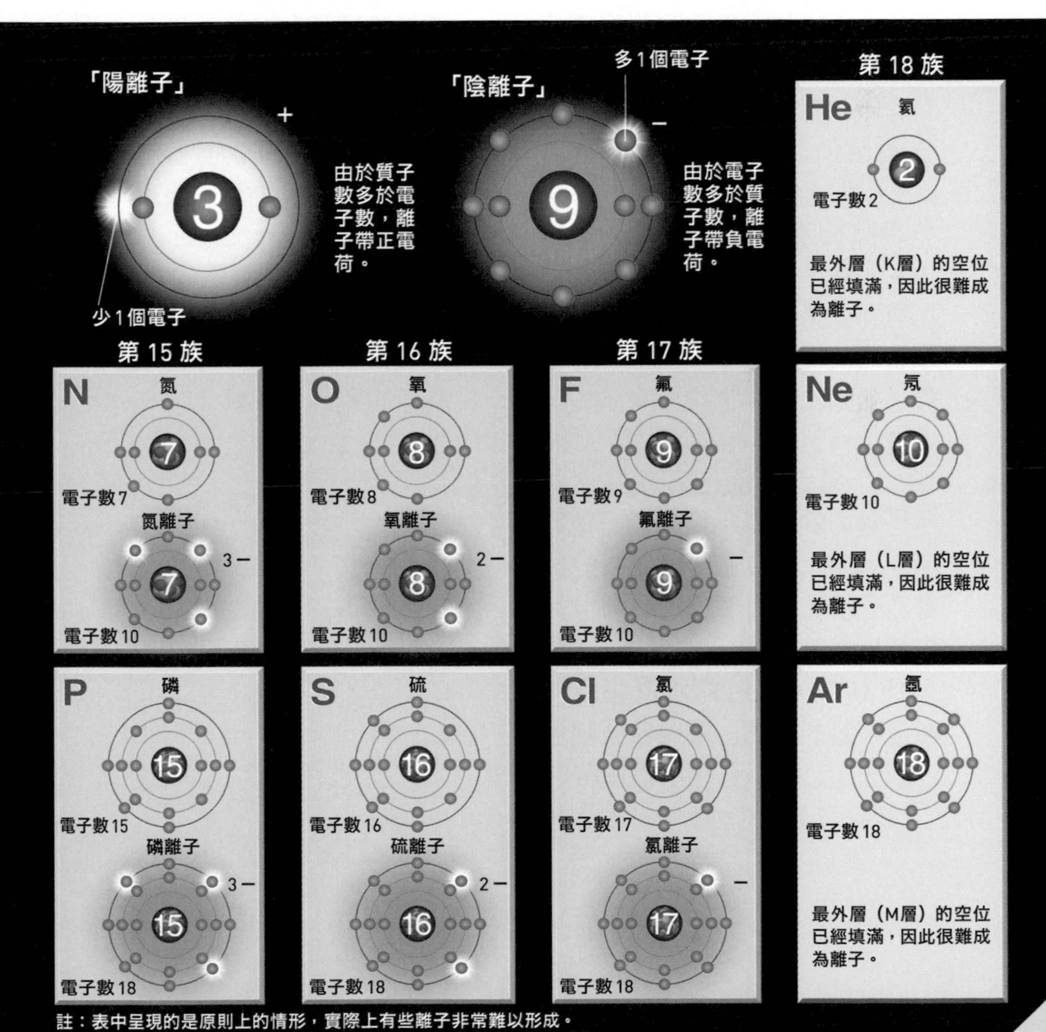

註：表中呈現的是原則上的情形，實際上有些離子非常難以形成。

化學研究的累積促成「離子」的發現

一切始於世界上第一個電池的開發

在1800年，**義大利科學家伏打（Alessandro Volta，1745～1827）發表了世界上第一個電池（伏打堆，voltaic pile）**[編註1]。接著在同一年，人們發現將電池兩端連接的金屬針放入水中，則兩根針會分別產生氧氣和氫氣。

當時，電力仍是一個未知的現象。英國化學暨物理學家法拉第（Michael Faraday，1791～1867）透過嚴謹的實驗逐步揭示了電力的性質，他認為「當電流通過時，物質會受到電力的影響並分解，且分解後的物質會朝向電極移動」。

1834年，**法拉第將這些朝向電極移動的物質，根據希臘語中「來去」（ienai）的字根命名為「離子」（ion）**。此外，他還將朝向負極移動的物質稱為「陽離子」，朝向正極移動的物質稱為「陰離子」。然而，當時的法拉第並不知道離子的實體是什麼。

後來，**瑞典物理化學家阿瑞尼斯（Svante Arrhenius，1859～1927）證實了離子的本質其實是帶電的原子或原子團**。憑藉此一成就，阿瑞尼斯於1903年獲得了諾貝爾化學獎。

編註1：「伏打堆」的發明是建立在義大利醫生加爾瓦尼（Luigi Galvani）的發現上，1780年，加爾瓦尼發現兩種金屬和死青蛙腿組成的電路可以使青蛙腿做出抽搐反應。「伏打堆」是第一個「真正的」電池，可以連續充電。整個19世紀的電氣工業都是由與伏打堆相關的電池提供動力，直到1870年代發電機出現。

伏打電池（伏打堆）

伏打電池由銅板、浸泡食鹽水的布[編註2]和鋅板堆疊而成。當時，科學家們透過連接多個伏打電池來獲得較高的電壓，並進行分解水等實驗。

編註2：兩種金屬中間用浸泡過鹽水（可產生自由離子的電解液）的布隔開，以增加電導率。

當電流通過，物質分解為「離子」

當時，人們對原子結構和電子的存在並不了解。法拉第認為通過電流，物質會分解為兩部分（離子）並朝向電極移動（如下圖）。實際上，電流正是透過離子來傳導的，但在當時電力的本質也尚未完全闡明。

法拉第的想法

通電前

金屬針

通電時

正極（＋）

負極（－）

移動

移動

物質分解為兩部分

與水產生激烈反應的「鹼金屬」

原子序愈大，愈容易產生反應

這裡以週期表上的族（第50～51頁）為單位，來介紹元素的性質。

第1族「鹼金屬」的一大特點，是能與水產生劇烈的反應。例如，將鈉或鉀放在沾濕的紙上，就會起火燃燒。而原子序較大

將金屬放在沾濕的紙上觀察反應……

鹼金屬的反應隨著原子序的增加而變得劇烈。銣和銫會發生爆炸性反應，因此基於安全的考量，一般不會進行這樣的實驗。

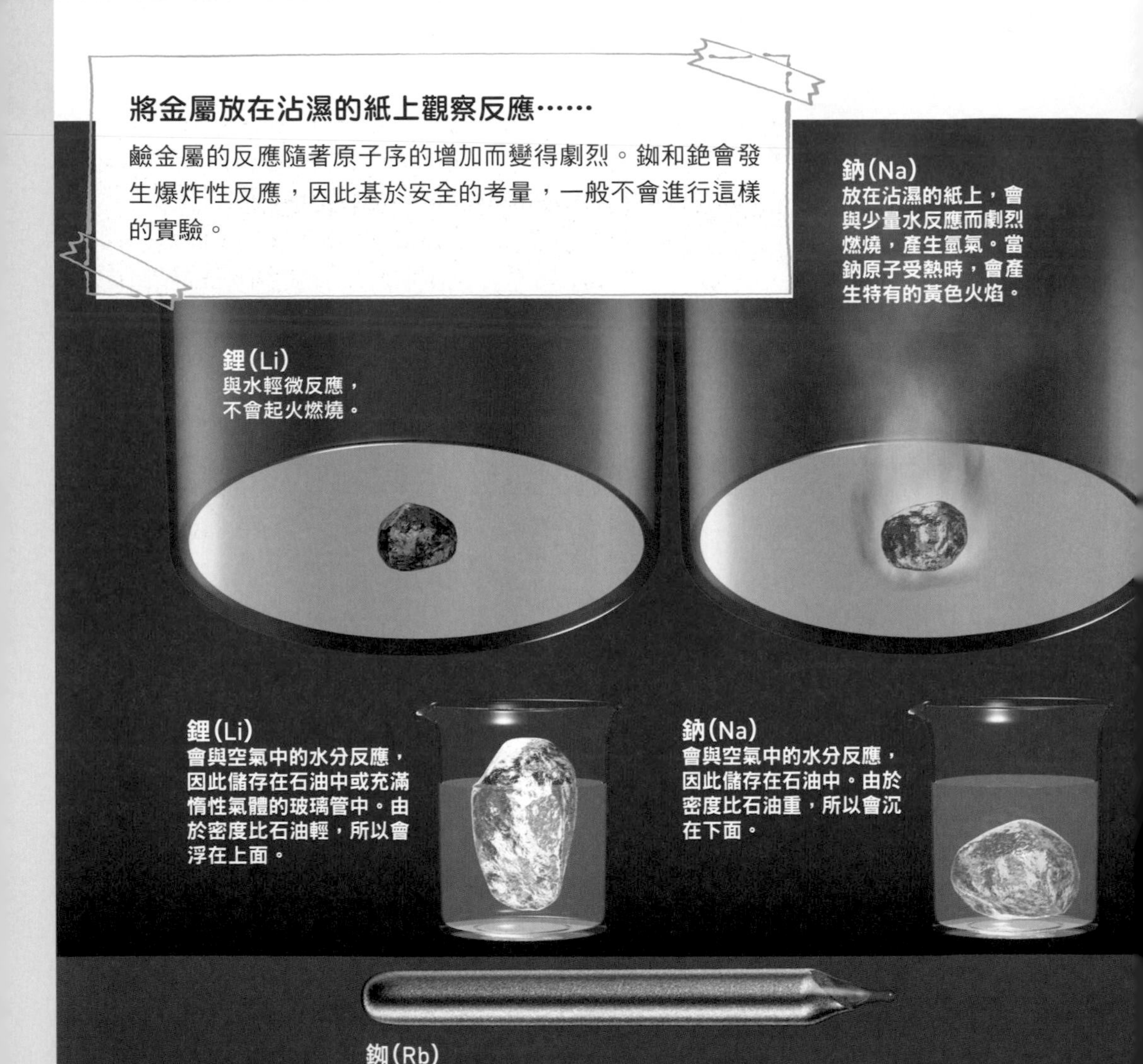

的銣或銫，甚至會與空氣中的水分和氧氣發生爆炸性反應，因此在保管時，會將這些元素密封在抽成真空的管子或充滿惰性氣體的玻璃管中，避免接觸到空氣。

鹼金屬元素的原子最外層只有一個電子，將這個電子轉移到其他原子後，內層「填滿」的電子殼層就變成新的最外層，讓結構變得穩定。由於化學反應是透過最外層電子的交換而發生的，**容易將電子轉移給其他原子，也就意謂著能在短時間內進行化學反應，並且引起劇烈的現象**。編註

編註：鹼金屬熔點和沸點都較低，標準狀況下有很高的反應活性，會和水發生激烈的反應，鹼金屬表面的原子會先丟掉一個電子，電子被周圍的水分子吸附形成氫氧化物，釋放氫氣。而帶正電的鹼金屬離子因為同性相斥而四下飛散。當系統中所有的粒子都帶正電時，系統的能量會因為彼此之間的斥力而升高；當電荷量超過臨界值時，系統便會爆炸、分解，發生燃燒、爆炸現象。

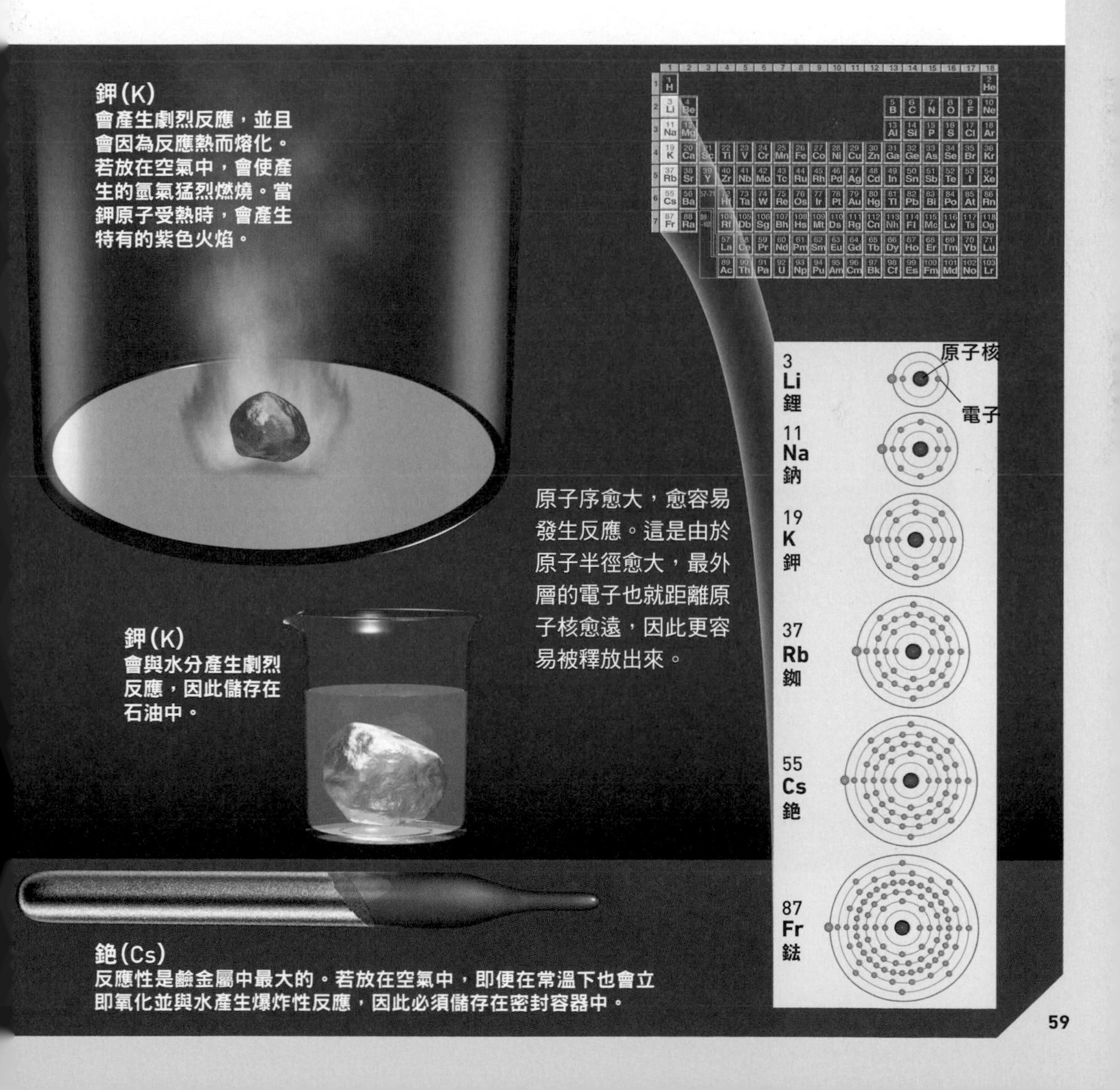

鉀(K)
會產生劇烈反應，並且會因為反應熱而熔化。若放在空氣中，會使產生的氫氣猛烈燃燒。當鉀原子受熱時，會產生特有的紫色火焰。

鉀(K)
會與水分產生劇烈反應，因此儲存在石油中。

原子序愈大，愈容易發生反應。這是由於原子半徑愈大，最外層的電子也就距離原子核愈遠，因此更容易被釋放出來。

銫(Cs)
反應性是鹼金屬中最大的。若放在空氣中，即便在常溫下也會立即氧化並與水產生爆炸性反應，因此必須儲存在密封容器中。

Column

Coffee Break

為夜空上色的金屬元素們

當我們把易與水反應的鹼金屬放置在浸濕的紙上時，鈉會產生黃色火焰，而鉀則會產生紫色火焰（第58～59頁）。這種顏色差異是由金屬原子所表現出的「焰色反應」（flame reaction）所引起的。

當金屬原子受熱時，電子會

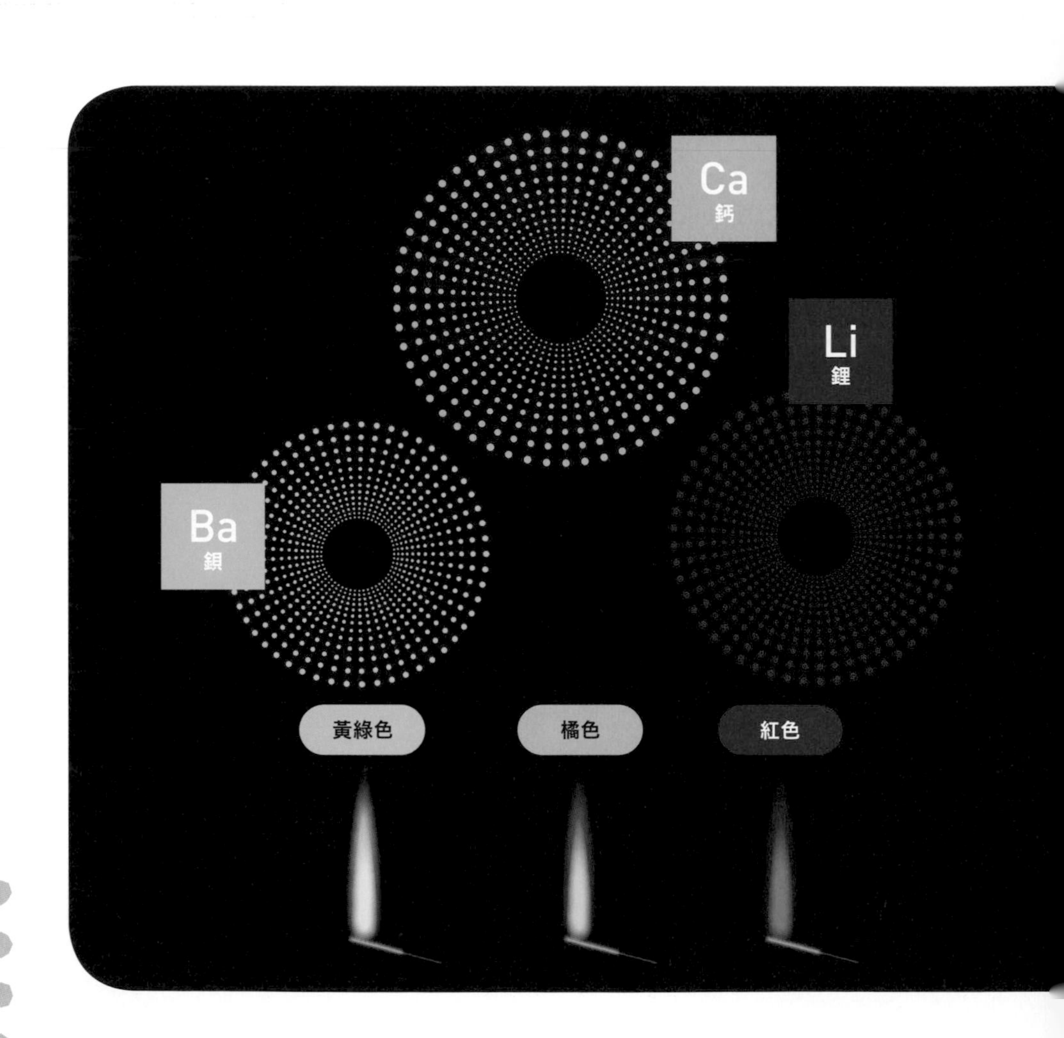

躍遷（transition）至較高的不穩定能階（energy level），並以釋放特定頻率的光子的方式回到穩定基態（ground state）。**不同元素受熱放出特定光的現象就是焰色反應，這也是一種用來區分金屬元素的方法。例如，透過焰色反應，可以得知太陽中含有哪些元素**。

點綴夏季回憶的「煙火」，其實也是焰色反應的一種應用。煙火調配師們透過混有不同金屬元素的「發色劑」（chromogenic reagent），製造出煙火燦爛的色彩，要產生紅色的話用鋰、橘色用鈣，依此類推。

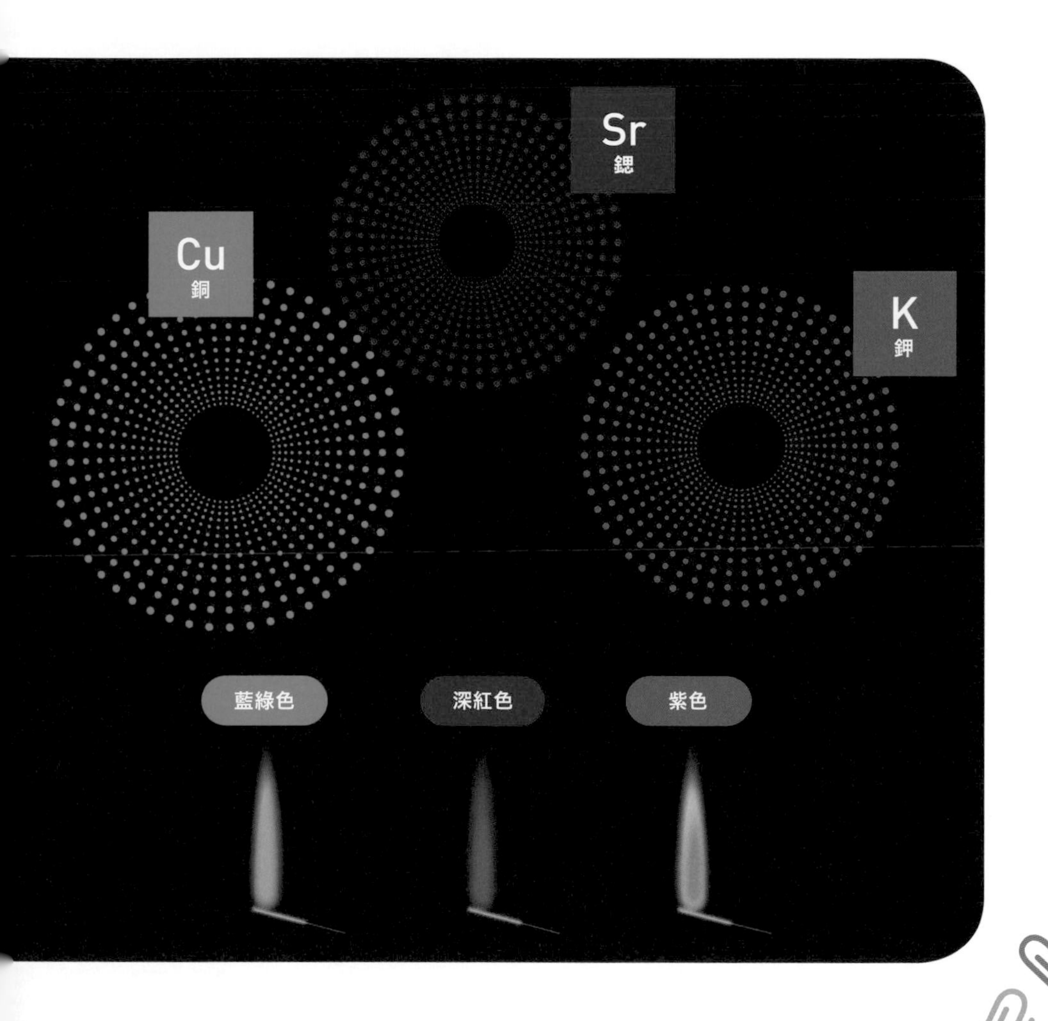

碳和矽都具有「4隻手」

對生命和資訊科技來說，不可或缺的第14族元素

第14族元素的特點是具有四個價電子（第49頁），也就是說，**它們一共有4隻手，可用來與各種原子結合**。

例如，碳可以與氧結合成二氧化碳，或與氮等結合成胺基酸。大部分對維繫生命不可或缺的物質都以碳為主要成分。此外，**碳據稱能形成約2億種化合物，近期則是以奈米碳管（carbon nanotubes）與石墨烯（graphene）[編註] 的形式引領奈米技術的發展**。

矽也使用相同的方式，透過4隻手與其他原子結合。矽是自然界中第2多的元素，僅次於氧，這是因為許多礦物質是以矽的化合物為主要成分。**自古以來，矽就被用來製作玻璃和水泥，近年來則被廣泛應用於智慧型手機等不可缺少的半導體，以及太陽能電池等領域**。

編註：奈米碳管的強度是鋼的100倍，彈性很好，可彎曲並恢復原狀，不易斷裂，耐2800°C高溫。石墨烯是目前世上最薄、最堅硬、電阻率最小的奈米材料，由於電阻率極低，電子的移動速度極快，因此可用來發展出更薄、導電速度更快的新一代電子元件或電晶體。

碳對生命來說也是重要的元素之一

對生物而言，碳是不可或缺的元素。組成身體的蛋白質是由含碳的胺基酸構成。此外，植物在獲取能量的過程中也會利用到二氧化碳。

矽是使用於眾多工業產品中的元素之一

高純度的矽具有半導體的特性，因此被應用於太陽能電池和智慧型手機等設備中。此外，矽也被廣泛應用於玻璃和陶瓷等領域。

跟誰都不易反應的「惰性氣體」

最外殼層沒有空位，因此非常穩定

第18族元素位於週期表的最右側，除了原子序118的元素是人工合成的，因此詳細的性質尚未明瞭之外，其餘的氦、氖、氬、氪、氙、氡都是在常溫下以單原子氣體的形式存在。

惰性氣體具有不易與其他元素反應的特性，**因為它們的電子殼層中沒有「空位」，所以非常穩定，也就不需要與其他原子進行反應**。

由於這項不易產生反應的特性，惰性氣體經常被使用在各種物品中。例如，氦氣比空氣還輕，且就算靠近火焰也不會燃燒，因此被用於飛船、熱氣球、氣球等。此外，深海潛水用的氣瓶中混入了氦氣或氬氣，有助於預防潛水夫病（醫學名稱為「減壓症」decompression sickness）。編註

編註：我們呼吸的空氣約含有78%氮氣、21%氧氣和少量其他氣體。若只吸大量純氧會發生氧氣中毒，導致肺水腫、肺出血。因此深海潛水用氣瓶中除了氧氣，還會加入氮氣與惰性氣體，以避免潛水員從高水壓環境快速浮出時，因壓力銳減導致體內的氮氣氣泡膨脹，形成氣體栓塞，造成身體不適。

吸入惰性氣體也安全

就算吸入惰性氣體，也不易對人體產生危害。

變聲氣體的真面目

氦氣的密度約是一般空氣的七分之一。「變聲氣體」中所含的氦氣，使得聲帶周遭的空氣密度變低，音速也變快，發出的聲音頻率也就跟著變高。且由於它不會與人體中的成分產生反應，因此可以用於這種用途。

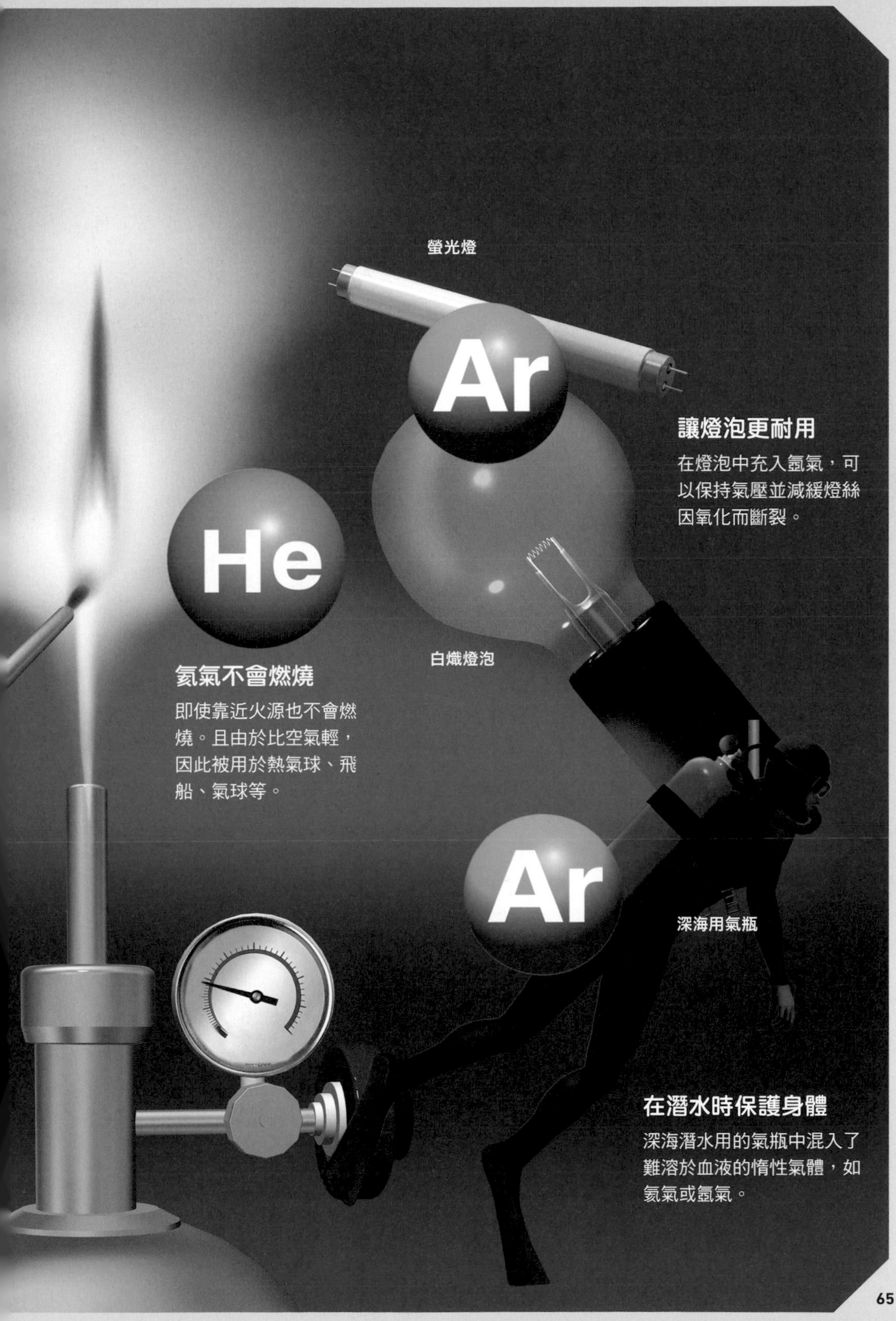

螢光燈

Ar

白熾燈泡

讓燈泡更耐用

在燈泡中充入氬氣，可以保持氣壓並減緩燈絲因氧化而斷裂。

He

氦氣不會燃燒

即使靠近火源也不會燃燒。且由於比空氣輕，因此被用於熱氣球、飛船、氣球等。

Ar

深海用氣瓶

在潛水時保護身體

深海潛水用的氣瓶中混入了難溶於血液的惰性氣體，如氦氣或氬氣。

「金屬」能傳導電流與變形的祕密

自由電子造成了金屬的特性

金屬元素占據了整個週期表的5分之4。金屬是指由多個原子透過「自由電子」（free electron）結合而成，並具有特殊性質的物質。而**自由電子是指在多個金屬原子之間自由移動的電子**。

當金屬原子相互結合時，原子的電子殼層會重疊，讓所有原子的電子殼層連接在一起。如此一來，存在於原子核周圍的電子就能透過晶體中相連的電子殼層，在整個金屬中自由地移動，從而將金屬原子結合在一起。

金屬具有良好的導電性，也是因為帶負電荷的自由電子能自由地在金屬塊中移動。此外，由於自由電子的移動，即使原子發生位移，原子之間仍然能保持互相結合的狀態，因此金屬能夠延展變形。編註

編註：由自由電子及排列成晶格狀的金屬離子之間的靜電吸引力組成的金屬鍵沒有固定的方向，因此隨意更換位置都可再重新建立連結，這也是金屬伸展性良好的原因之一。

決定金屬特性的自由電子

自由電子能透過連接的電子殼層自由地在原子之間移動。正是由於這些自由電子，金屬才具有各種特殊性質。

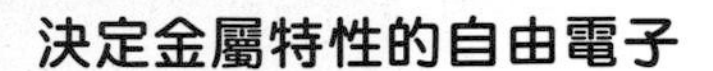

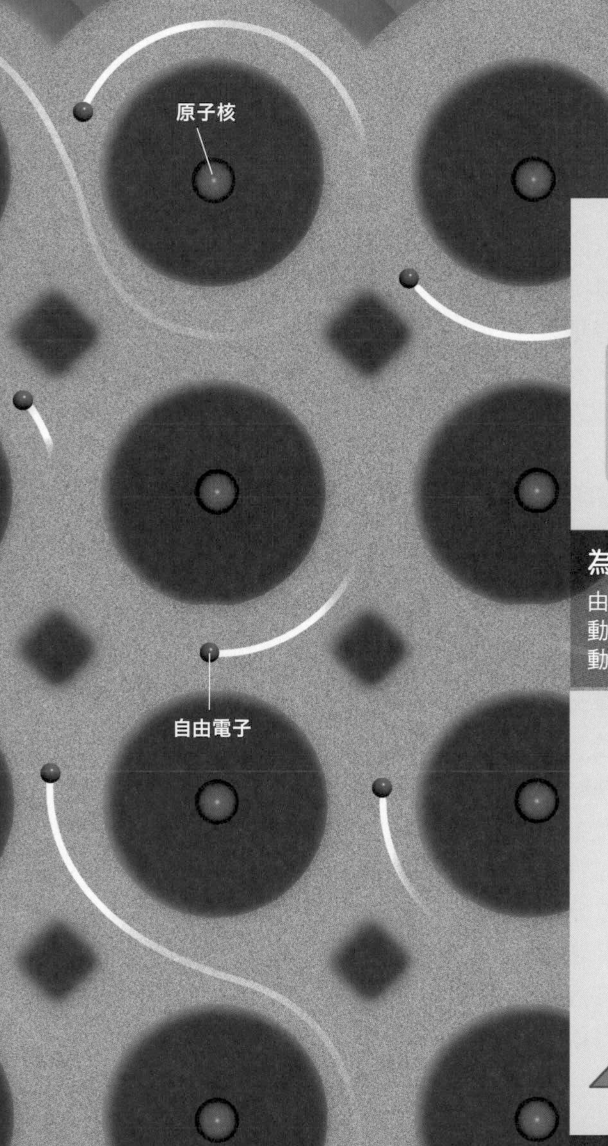

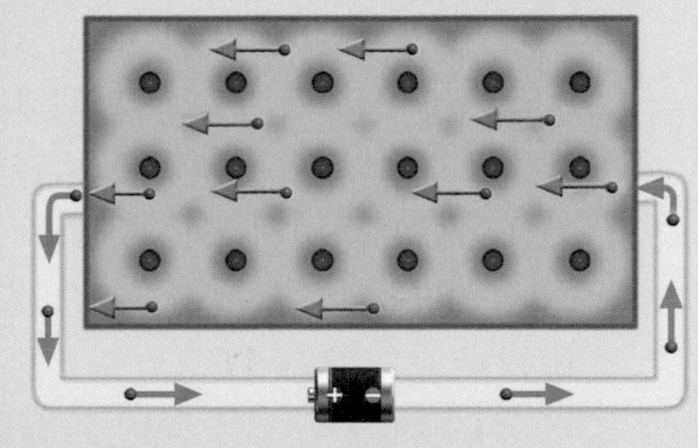

為什麼能傳導電流？

由於帶負電荷的自由電子能在金屬中自由地移動，在外電場的作用下，自由電子會做定向移動，形成電流，將電荷從陰極運送到陽極。

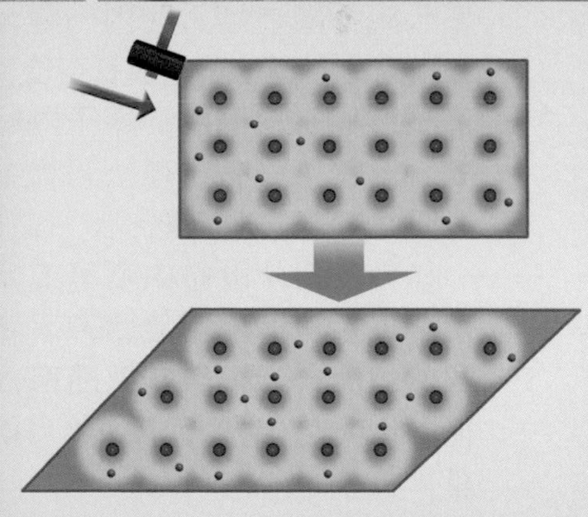

敲打後會變薄

金屬受外力時，金屬晶體內某一層金屬原子及離子與另一層的金屬原子及離子發生相對滑動，由於自由電子的運動，各層間仍保持著金屬鍵的作用力，使得原子與原子之間的結合不會斷裂。

高科技產品不可或缺的「稀土元素」

稀土元素的獨特性來自鑭系元素的特殊原子結構

稀土元素編註是指週期表中第3族的17種金屬元素的總稱。其中，共15種的「鑭系元素」因具有特殊性質，往往被拉出週期表，畫在獨立的區域。

一般來說，電子會從最靠近原子核的電子殼層開始依序填入。然而，有些元素（過渡元素）會先填入外側的電子殼層，然後再填入往內一層的電子殼層。但是，鑭系元素不僅會填入往內一層，還會填入更內側的電子殼層空位。

以這種方式形成的原子內部結構，造就了只有在鑭系元素中才能觀察到的獨特性質。

如今，**現代社會中不可或缺的智慧型手機、油電混合車、液晶顯示器等各種高科技產品都依賴稀土元素（如鑭系元素）才得以生產**。

編註：稀土元素並不稀有，但由於它們在地殼中的分佈相當分散，很少有稀土元素富集到利於商業開採的程度；此外，由於稀土元素大多兩兩或多種一起伴生於礦物中，而難以將它們單獨分離，導致開採和提取上的困難，因此被稱為「稀土」元素。

稀土元素與高科技產品

各式各樣的高科技產品，讓我們的日常生活變得舒適。這些高科技產品中使用了許多稀土元素。

高音質的「揚聲器」

利用釹（Nd）磁鐵的排斥（或吸引）力來產生振動。釹磁鐵是由稀土元素釹和鐵、硼的合金製成的永久磁鐵，是現今磁性最強的永久磁鐵。

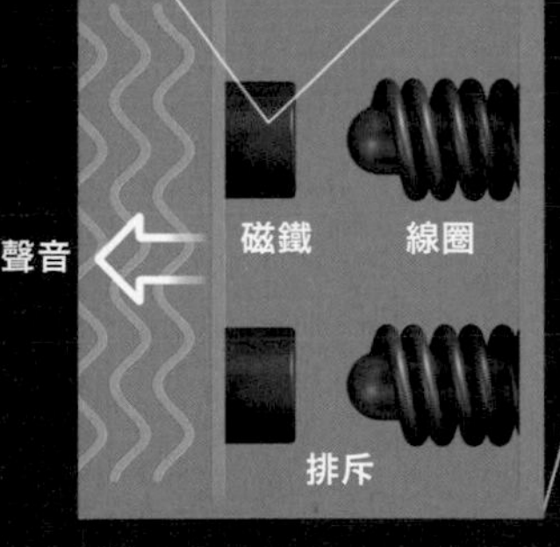

馬達

油電混合車的「馬達」

油電混合車的馬達使用稀土元素鏑（Dy）來提高釹磁鐵的耐熱性。

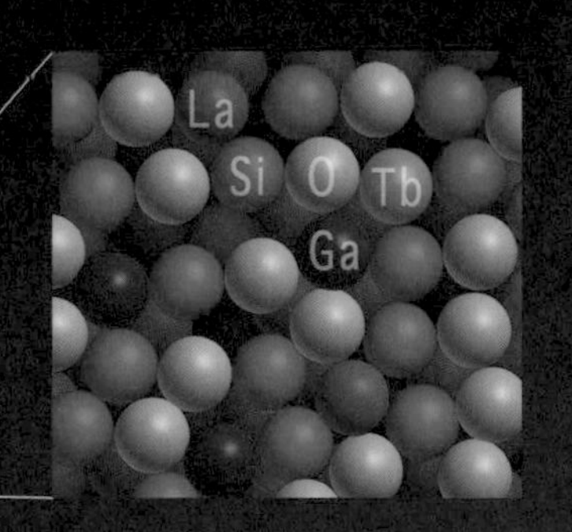

彩色電視的「顯示器」

紅、藍、綠三原色中，紅色顯示單元使用了銪（Eu），綠色顯示單元使用了鋱（Tb），但僅使用極少量。

構成人體的 6種主要元素

氧、碳、氫、氮、鈣和磷占人體重量的98.5%

人體重量的98.5%，其實是由6種元素（氧、碳、氫、氮、鈣和磷）組成。

氧是水的成分，而水占人體約70%的重量；另外，構成身體的蛋白質和核酸之中也包含氧。同時，呼吸進入肺部的氧氣會溶解在血液中，供應給全身的細胞。

鈣主要作為骨骼的成分，磷則是主要用來形成核酸。此外人體還含有一些金屬元素，如鐵和鋅，特定的金屬元素是維持人體正常功能所必需的。

舉例來說，成人體內含有約5公克的鐵，主要功能是作為紅血球中與氧結合的蛋白質（血紅素）的一部分。眾所周知，鐵含量不足會降低紅血球運輸氧氣的能力，進而導致貧血。

編註：ATP會水解為腺核苷二磷酸（adenosine diphosphate, ADP）和磷酸根，並釋出能量（H_2）。ADP可透過呼吸作用吸收能量，再與一個磷酸根結合成ATP。活細胞會維持ATP的濃度在ADP的五倍左右。在這種條件下，ATP水解提供的能量足以供其合成代謝所需。

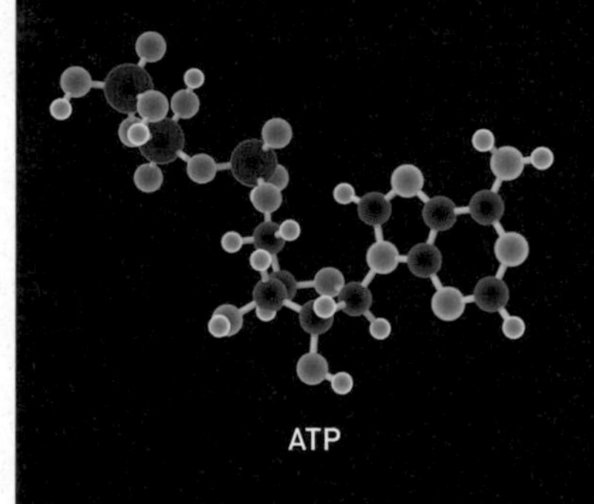

ATP

生命能量分子ATP

所有生物的能量儲存和釋放都仰賴於「腺苷三磷酸」（adenosine triphosphate，ATP），它包含五個氮原子（綠色）和三個磷原子（紅色）。當ATP中的磷原子與周圍的氧和氫結合，形成三種磷酸根（$H_2PO_4^-$、PO_4^{3-}、HPO_4^{2-}）並從ATP中釋出時，所釋放的能量被利用於生命活動。[編註]

人體必需的氮和磷

人體重量的約4%是氮（N）和磷（P）。含有氮和磷的物質，如人體的能量來源ATP等，大量存在於人體中。

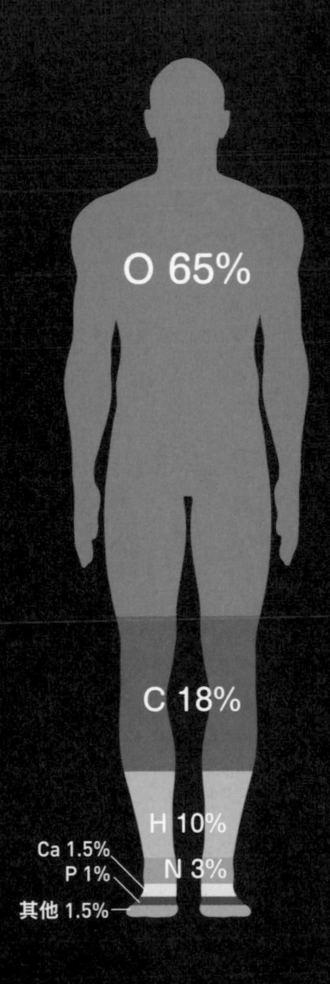

構成人體的35種元素

下方表中排名前6的元素占人體重量的98.5%，其他僅以微量存在的元素約有30種。此外，表中以紅字標記的元素是生命活動所必需的元素。

元素（紅字為必需元素）		體重60kg中的含量
O	氧	39 kg
C	碳	11 kg
H	氫	6.0 kg
N	氮	1.8 kg
Ca	鈣	900 g
P	磷	600 g
S	硫	150 g
K	鉀	120 g
Na	鈉	90 g
Cl	氯	90 g
Mg	鎂	30 g
Fe	鐵	5.1 g
F	氟	2.6 g
Si	矽	1.7 g
Zn	鋅	1.7 g
Sr	鍶	270 mg※
Rb	銣	270 mg
Br	溴	170 mg
Pb	鉛	100 mg
Mn	錳	86 mg
Cu	銅	68 mg
Al	鋁	51 mg
Cd	鎘	43 mg
Sn	錫	17 mg
Ba	鋇	15 mg
Hg	汞	11 mg
Se	硒	10 mg
I	碘	9.4 mg
Mo	鉬	8.6 mg
Ni	鎳	8.6 mg
B	硼	8.6 mg
Cr	鉻	1.7 mg
As	砷	1.7 mg
Co	鈷	1.3 mg
V	釩	170 μg※

※：1mg（毫克）是1000分之1g（公克）。
1μg（微克）是1000分之1mg（毫克）

宇宙中的元素有98%以上是氫和氦

隨著原子序的增加，元素的相對含量逐漸降低

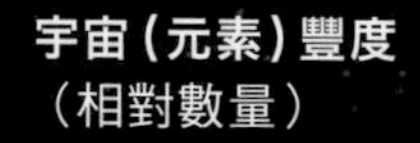

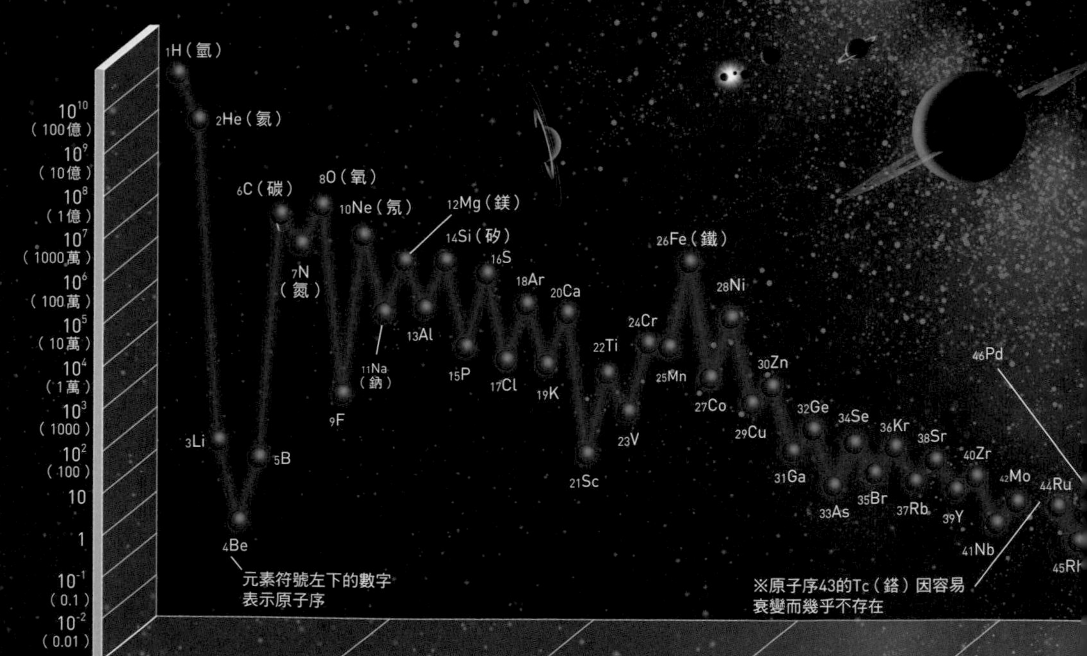

構成人體的元素與構成地球的元素相同，都是在宇宙空間和恆星的誕生與死亡（爆炸）中產生的元素。

元素在宇宙中存在的比例，通稱為「宇宙（元素）豐度」（cosmic abundance），其中氫和氦的相對含量遠遠超過其他元素，且隨著原子序的增加，元素的相對含量逐漸降低。編註實際上，氫和氦占整體的比例高達98%以上。

宇宙中存在大量的氫和氦的事實，被認為是宇宙起源於高溫、高密度的灼熱宇宙「大霹靂」（Big Bang）的證據之一（下圖）。電子、質子（氫原子核）和中子被認為是在大霹靂後的約10萬分之1秒內誕生的。約3分鐘後，宇宙的溫度降至約10億°C，此時散落的質子和中子結合，形成了如氦和鋰等較輕的原子核。再經過約38萬年，宇宙的溫度降至約3000°C，此時散落的原子核和電子結合，形成原子。

值得一提的是，質子數為偶數的元素比奇數的元素的相對含量更多。這是因為質子以2個為一對存在時更加穩定，而當核子（質子和中子）結構不穩定時容易產生變化。質子的性質對宇宙中元素的數量產生了影響。

編註：氫（原子序1）和氦（原子序2）的宇宙元素豐度分別是74%和24%以上，在這之後，元素豐度的數值順序就不再依據原子序來排列。氧的元素豐度0.09%占第三位，但它的原子序是8，其他的各種元素豐度就更沒有規律可循。

豐度圖呈鋸齒狀

下圖是宇宙（元素）豐度的一部分。每個元素的豐度以矽的數量為10^6（100萬）個時的相對數量表示。圖中的縱軸刻度以10倍逐格遞增。可以看出，原子序為偶數的元素比相鄰的奇數元素數量更多。

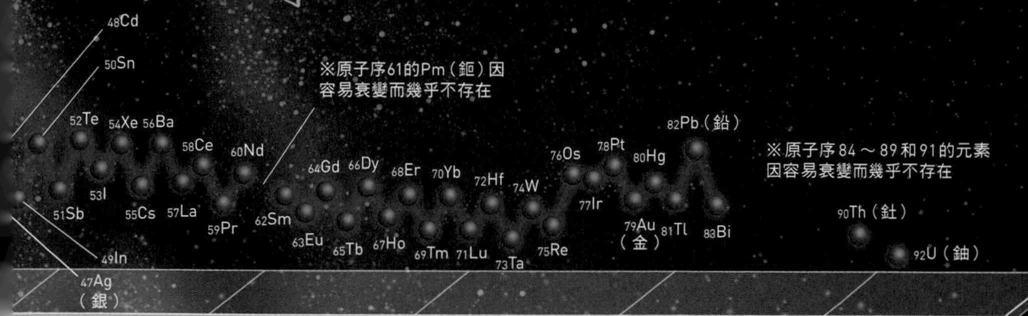

Column

Coffee Break

地球每年都在變輕！

受到地球引力的影響，每年約有4萬噸宇宙空間的塵埃落到地球上。這樣說來，地球是不是應該愈來愈重呢？實際情況正好相反，地球每年都會減輕約5萬噸的重量。

造成這個現象的原因，是原子序較前面、重量較輕的元素。**由兩個氫原子（H，原子序1）組成的氫分子（H_2）和氦原子（He，原子序2），因為太輕，以至於無法被地球的重力抓住，因此散逸到宇宙空間中**。每年地球失去的氫約為9萬5000噸，氦約為1600噸。

將增加的部分和減少的部分加總，會發現地球每年約減輕5萬噸的質量。幸好，地球上有大量的氫和氦可供利用，直到75億年後地球被膨脹為紅巨星的太陽吞併。

3

簡直就是魔法！物質的結合與化學反應

目前已確認的元素種類有118種，其中約有90種元素形成了我們周遭的物品和自然界中的物質。為什麼同一種元素可以形成許多不同的物質呢？本章將探索物質的「鍵結」和「化學反應」的祕密。

原子相互連接的三種模式

原子之間透過電子的作用而相互結合

原子的鍵結方式

圖中所示為三種基本的化學鍵（chemical bond，原子之間的結合方式）。

原子之間的結合，需要仰賴電子的作用。**根據結合方式，大致可以分為「離子鍵」（ionic bond）、「共價鍵」（covalent bond）和「金屬鍵」（metallic bond）三種類型**。

食鹽是最常見的「離子鍵」例子。在離子鍵中，陽離子和陰離子（第54～55頁）是透過電荷的吸引相互結合。由離子鍵形成的物質中，大部分是金屬元素和非金屬元素的化合物。

美麗而稀有的鑽石，是靠著原子透過共用電子，形成「共價鍵」而產生。原子透過共用電子，就像填補了彼此最外殼層的空位。

純金的鑄塊（金條）是由金原子（Au）的最外層電子，透過在多個金原子之間自由移動，形成「金屬鍵」而產生的晶體。

離子鍵

陽離子和陰離子因電荷互相吸引而鍵結。

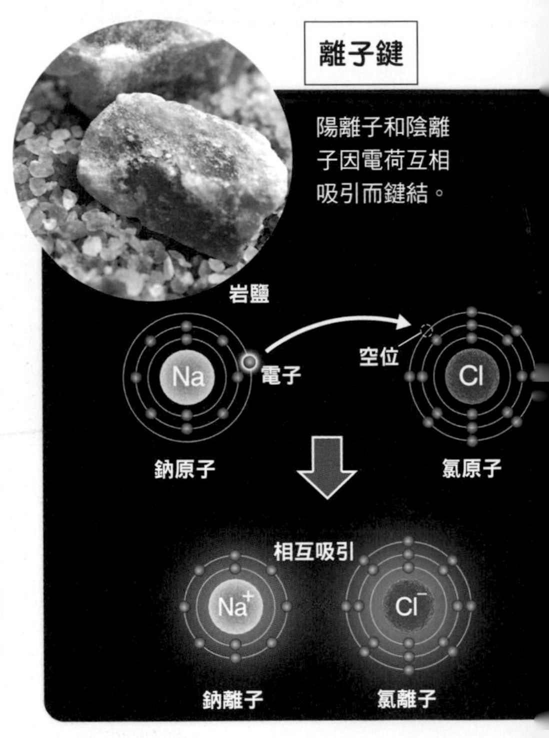

共價鍵

原子之間透過電子的共用而鍵結。透過共用電子，就像填補了電子殼層最外層的空位。

鑽石原石

碳原子

空位

C

L層的電子容量為8個

鑽石晶體

C

C

C

C

C

彼此共享電子而鍵結

金屬鍵

金屬元素聚集形成晶體時的鍵結。每個金屬元素的最外層電子都會與所有的金屬元素共用。

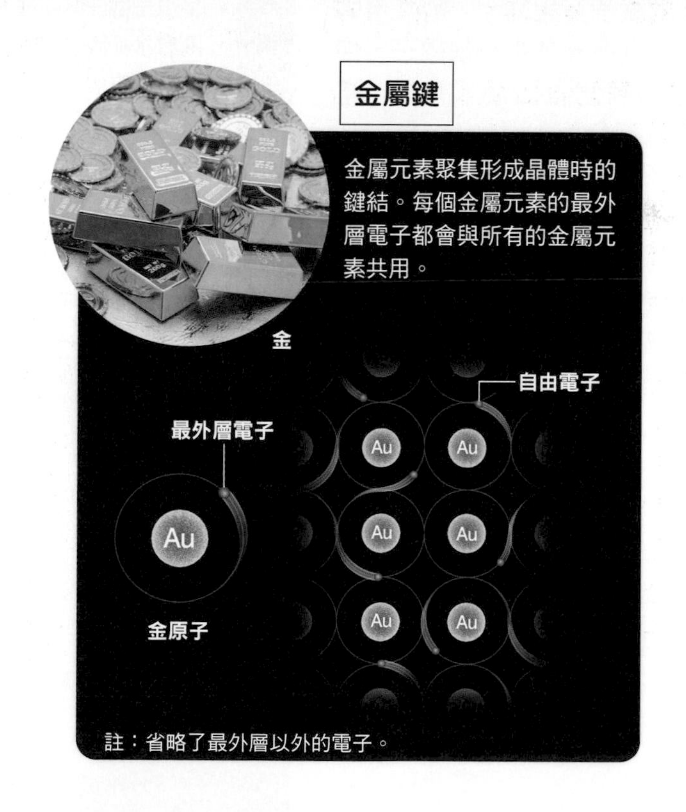

註：省略了最外層以外的電子。

將分子結合在一起的「氫鍵」

呈く字形的水分子具有極性

讓我們來看看分子間的鍵結。在離子鍵中，電子從一個原子傳遞到另一個原子，於是一個原子（離子）帶正電，另一個則帶負電。此外，在共價鍵中，如果是不同種類的原子互相結合，則共用的電子會稍微偏向其中一個原子，使兩原子帶有微弱的正電和負電，**這種特性稱為「極性」(polarity)**。

水分子（H_2O）是由一個氧原子（O）和兩個氫原子（H）透過共價鍵結合而成。由於氧原子比氫原子更具有吸引電子的能力，所以氧原子側帶有微弱的負電，而氫原子側則帶有微弱的正電。水分子呈現「く字」形的彎曲，因此分子整體也具有極性。

由這樣的**水分子組成的水或冰中，水分子透過正電荷和負電荷之間的引力相互結合，稱為水分子的「氫鍵」(hydrogen bond)**。編註

編註：氫鍵的鍵能比一般的共價鍵、離子鍵和金屬鍵的鍵能小，但強於靜電引力。

水分子透過「氫鍵」結合

在氣態水（水蒸氣）中，水分子呈現一個一個四散的狀態，但在液態水和固態水（冰）中，水分子透過氫鍵相互結合。

在液態水中，水分子與其他水分子一下形成氫鍵，一下又斷開，不斷地移動。相較之下，冰的結構比水有著更多的空隙，因此冰能浮在水上。

分子排列整齊、規律的「晶體」

鑽石和黃金也是由晶體組成的

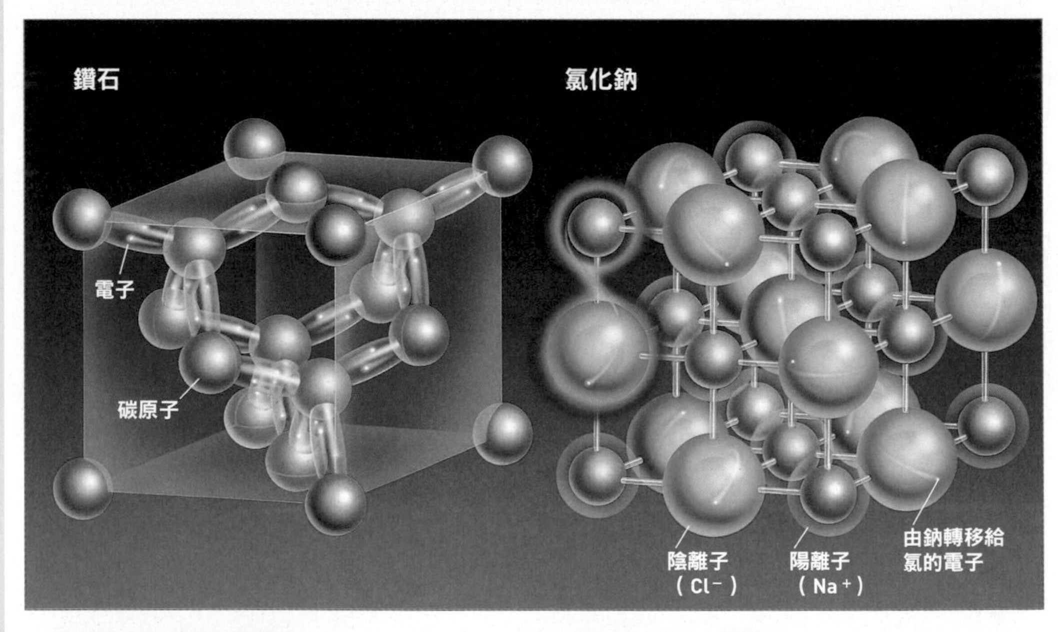

共價鍵形成的晶體

鑽石是僅由碳原子透過共價鍵結合而形成的共價晶體，其獨特的結構中具有相當多的空隙。

離子鍵形成的晶體

食鹽屬於離子晶體。陽離子Na^+吸引周圍的陰離子Cl^-，而Cl^-又會吸引Na^+。在食鹽中，陽離子Na^+會填入陰離子Cl^-之間的縫隙，使得Cl^-和Na^+呈規律地交互排列。

從原子的維度來看固體，**大多數都具有規律的排列方式。這種排列方式稱為「晶體」**。

水晶是透明的，並由多邊形的面所包圍。無論是哪種晶體，相對應的面和面之間的角度始終相同。晶體之所以總是呈現這種規律的形狀，是因為原子或分子在整個晶體內的排列，都具有規律的方向性。

像這樣由單一晶體組成的固體稱為「單晶體」（single crystal）。實際上，大多數的固體是不透明的，看起來像是壓緊的粉末。透過顯微鏡可以看出每個粉末都是由小小的單晶體組成的。這樣由單晶體集合在一起的結構稱為「多晶體」（polycrystal）。

另外，**晶體又可以根據鍵結的種類，分為「離子晶體」（ionic crystal）、「金屬晶體」（metallic crystal）、「共價晶體」（covalent crystal）和「分子晶體」（molecular crystal）**。

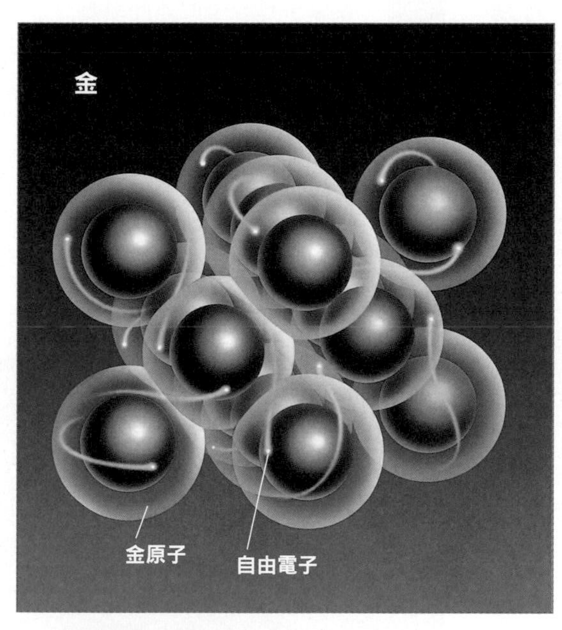

金屬鍵形成的晶體

金由大小相同的金屬原子組成，金屬晶體的排列是最為緊密的。

編註：面心立方堆積結構的密度大於體心立方堆積結構，因此又稱為「立方最密堆積結構」。

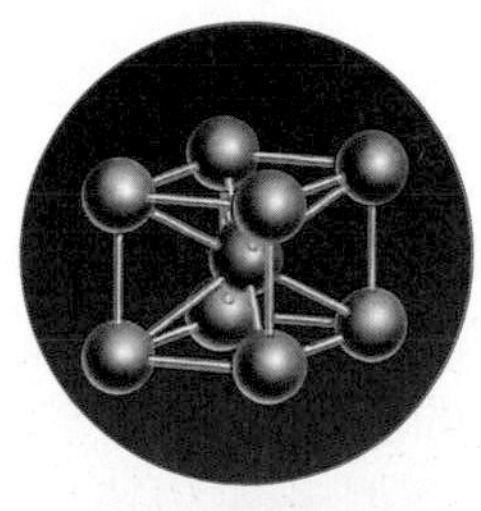

體心立方堆積結構（body-centered cubic packing structure）

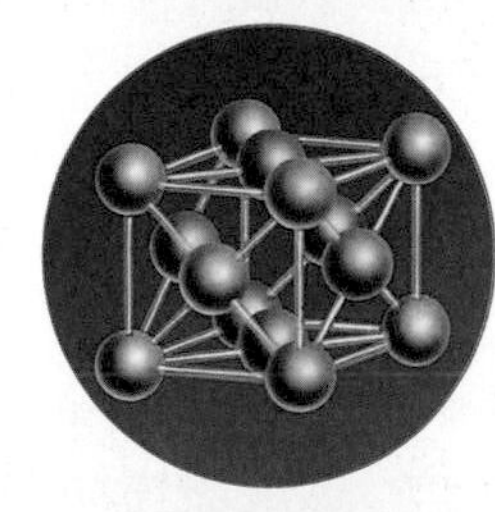

面心立方堆積結構（face-centered cubic packing structure）編註

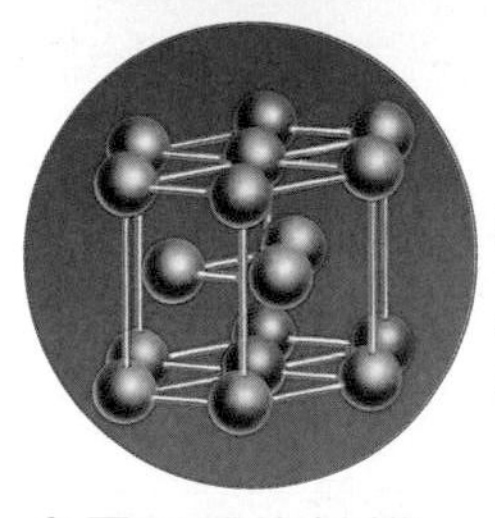

六方最密堆積結構（hexagonal close packing structure）

金屬晶體的結構

假設粒子為相同大小的球體，當球體緊密堆積時，會形成「六方最密堆積結構」和「面心立方堆積結構」（密度皆為74%）。此外，也會形成間隙比較多的「體心立方堆積結構」（密度68%）。

物質從氣體變成液體，再變成固體

關鍵是原子和分子運動的激烈程度

原子和分子的運動強度（動能）也稱為「溫度」。溫度愈高，原子和分子的運動就愈激烈，溫度愈低，運動則愈緩和。**物質通常會依照溫度的高低，分別處於三種狀態：氣態、液態和固態（物質的三態）**。

氣態是原子和分子以極高的速度飛行的狀態。此外，原子和分子本身也會旋轉或伸縮振動。當原子或分子彼此靠近到一定距離時，就會相互產生引力。

當呈氣態的氣體溫度降低，原子和分子的速度變慢時，它們會逐漸受引力影響而聚集在一起，並形成液態。

如果溫度進一步下降，使得原子和分子無法自由移動，只能停留在原地時，就形成了固態。然而，即便是在固態下，原子和分子也不是完全靜止不動的。

物質的三態

當原子和分子的運動劇烈（溫度較高）時，會呈現自由飛行的狀態（氣態）。當原子和分子的運動趨緩（溫度降低）時，會開始聚集在一起（液態）。當原子和分子的運動進一步變緩時，會因為引力而結合在一起，只在原地振動（固態）。

氣態

原子和分子呈現自由飛行的狀態。

白色的蒸氣是由微小的水滴組成，並不是水蒸氣。水蒸氣是無色透明的。

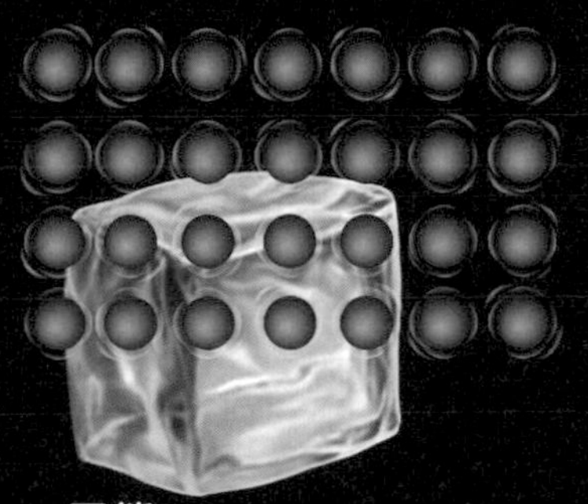

昇華

凝華[編註]

固態

原子和分子在原地振動。

物質狀態的轉變伴隨著熱量的進出。例如，某種物質汽化時所需的熱量，等於該物質凝結時釋放的熱量。

凝結

汽化

凝固

熔化

液態

原子和分子聚集在一起，但仍可以自由移動的狀態。

編註：凝華（deposition）是昇華（sublimation）的逆過程。凝固（freezing）是熔化（melting）的逆過程。凝結（condensation）是汽化（vaporization）的逆過程。汽化分為蒸發（evaporation）和沸騰（boiling）二種。蒸發是液體表面的少數分子互相碰撞並從環境中吸收熱量後，具有足夠動能擺脫分子間作用力而變成氣態逸出的現象，而沸騰則是劇烈的汽化過程，在液體的表面與內部同時進行。

溫度和壓力可以改變物質的狀態

以「氣體」存在的瓦斯也可以透過壓力而變成液體

水的各種狀態

右頁呈現的是「水的相圖」。圖中將水分為冰、水和水蒸氣三種狀態，在這些狀態之間的邊界線上時，會呈現兩種狀態共存的狀態。在三條線交叉的「三相點」（triple point）處，則會呈現三種狀態共存的狀態。

直到18世紀中葉，人們將常溫常壓下為液體的物質，加熱汽化產生的氣體稱為「蒸氣」（vapor），而在常溫常壓下以氣體形式存在的物質則稱為「某某氣」，例如氯氣。

1823年，離子的命名者法拉第（第56～57頁）發現，**只要施加足夠大的壓力，就連氯氣也可以變成液體**。從此，人們便知道氣體可以透過壓力變成液體。

1861年，愛爾蘭科學家安德魯斯（Thomas Andrews，1813～1885）發現，**當溫度超過某一特定值時，無論施加多大的壓力，氣體都不會變成液體**。這個溫度稱為「臨界溫度」（critical temperature），而且每種物質都有其特定的臨界溫度。

1 水的氣態、液態和固態三種狀態共存的「三相點」

水的三相點位在0.01°C和約0.006大氣壓下，此時水會形成氣態（水蒸氣）、液態（水）和固態（冰）共存的狀態。純物質的三相點，其溫度和壓力是固定的。

2 也存在數百°C的「熱冰」

水形成的冰，可以根據壓力和溫度的不同，使水分子排列方式形成16種不同的狀態（其中有13種是穩定的）。

在高壓下，冰可以存在於100°C以上的溫度。雖然高溫高壓的冰不存在於地球上的自然環境中，但推測它們可能存在於巨大的冰行星上。[編註]

編註：獅子座紅矮星格利澤436（Gliese 436）的行星格利澤436b是一個氣體巨行星，表面溫度高達439°C，但厚厚的大氣層形成的大氣壓力非常大，因此其表面上的水蒸氣會凝結成冰或水。

3 既不是液體也不是氣體的「超臨界流體」

在「水的相圖」中，當溫度超過某特定溫度（臨界溫度）時，區分氣態和液態的蒸氣壓曲線會中斷。這個中斷點稱為「臨界點」（critical point），而超過臨界點狀態的物質稱為「超臨界流體」（supercritical fluid）。

水在374°C和220.6大氣壓時達到超臨界點。超臨界狀態的水具有很高的氧化能力，因此被應用於分解灰燼中有毒的多氯聯苯（PCB）和戴奧辛等物質。

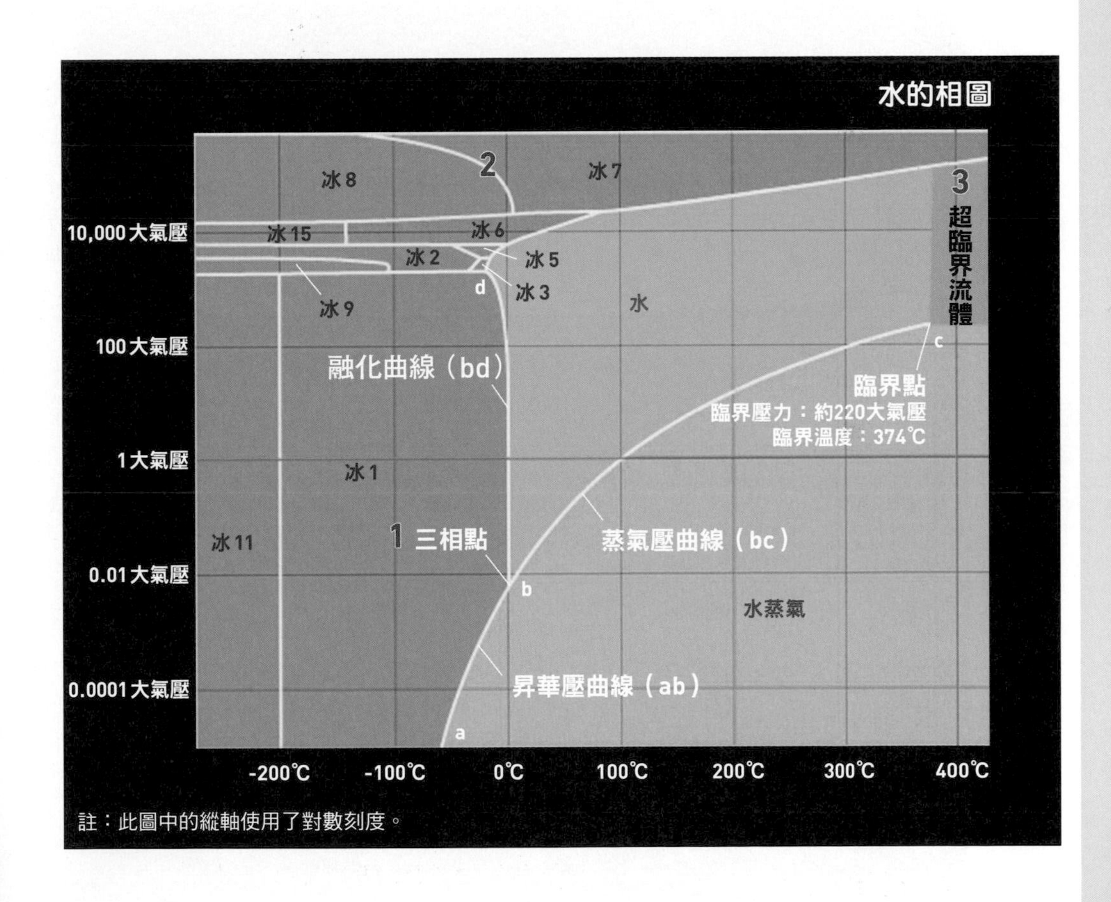

Column

Coffee Break

這是碳，那也是碳

美麗閃耀的鑽石和純黑的鉛筆筆芯的主要成分石墨，都是由同一種元素「碳」組成的。除此之外，由碳原子構成的物質還有分子呈足球狀的「富勒烯」（fullerene）和分子呈管狀的「奈米碳管」等。

近年來，人們對於「碳纖維」（carbon fiber）的需求大幅增

碳的結構改變會導致性質的變化

1 個碳原子透過 4 隻手與相鄰的碳原子鍵結。只要碳的連接方式改變，就可以得到完全不同性質的材料。

鑽石

碳原子組成的正四面體結構重複排列，形成的高硬度物質。

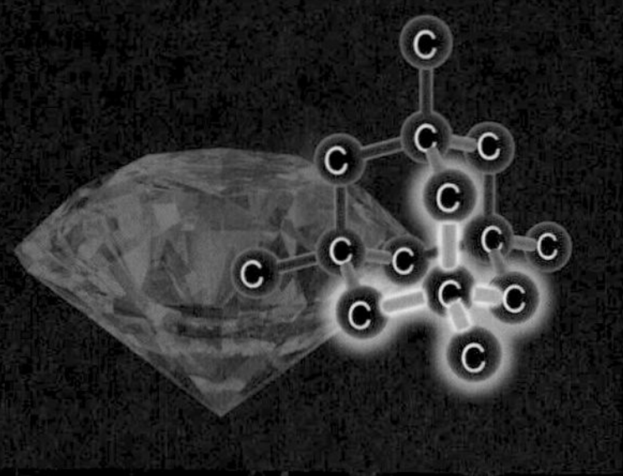

石墨

由碳原子組成的六邊形排列成層狀結構，再互相堆積而成，是鉛筆筆芯的主要成分。

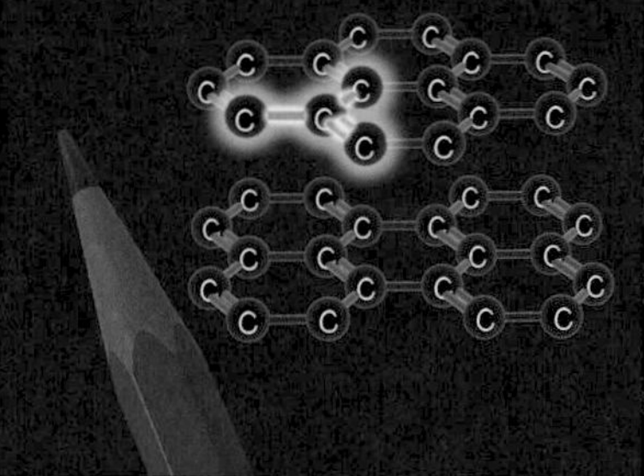

加。碳纖維的碳結構與石墨等相同，都是由碳原子形成的緊密排列的六邊形結構（如右下圖）。根據「日本產業規格」（Japanese Industrial Standards，JIS），重量90%以上由碳組成的物質被定義為碳纖維。

碳纖維的優點是又輕又堅固。它具有鐵的10倍強度，但重量（比重）卻只有鐵的４分之１。碳纖維被用於需要強度和輕量化的諸多使用情境，如網球拍、自行車的車身和飛機機身等。編註

編註：碳纖維並非晶體結構，層間連結是不規則的，這樣便能夠防止滑移，增加物質的強度。

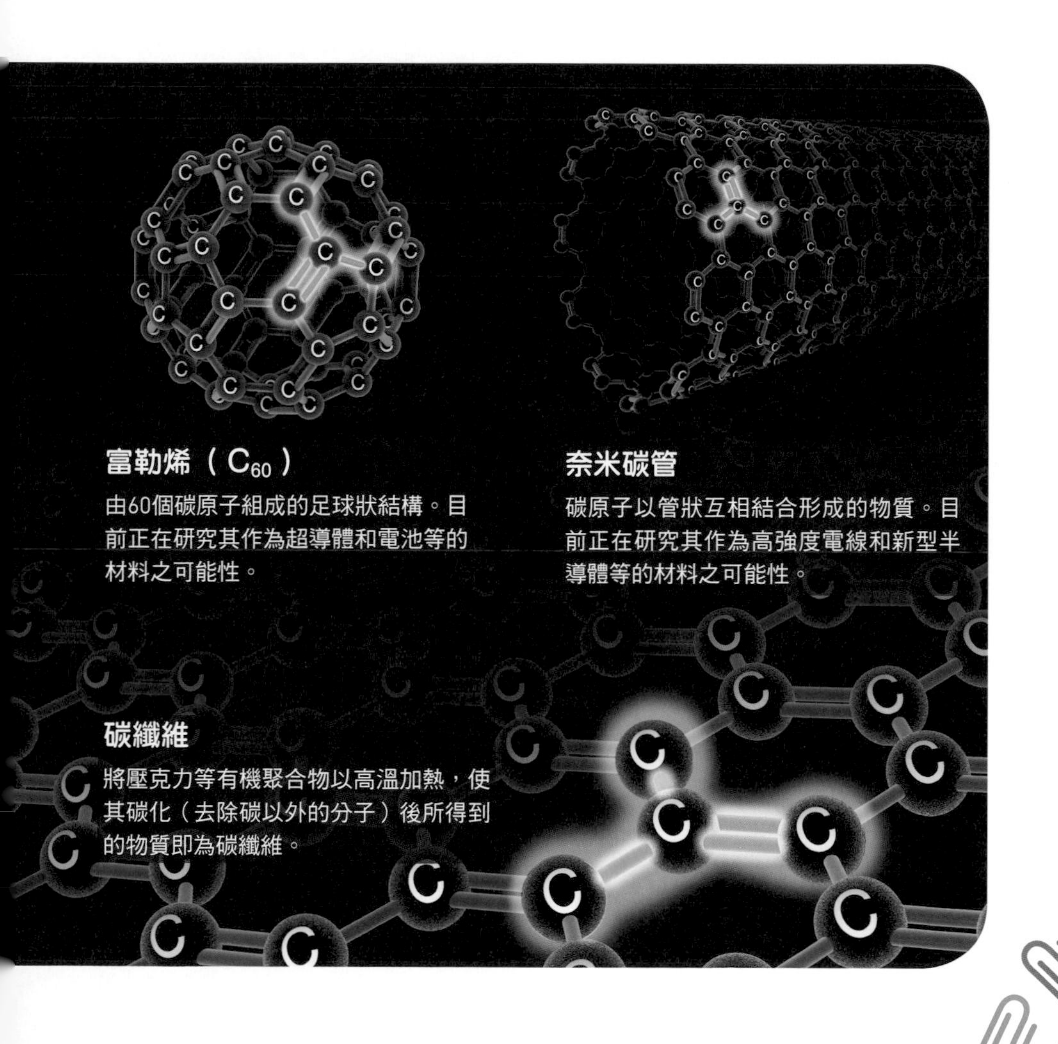

「化學反應」是原子的排列變化

水也是透過化學反應形成的

化學反應是分子與分子之間的碰撞，在碰撞的過程中，原子會被釋放出來或是與其他原子結合。因此，構成分子的原子組合會產生改變，進而形成與反應前性質不同的分子。編註

例如，將氧分子和氫分子混合，並將其加熱或施加電力時，會發生劇烈的反應，並生成「水」這種性質不同的分子。像這樣的反應就是化學反應，以化學式表示如下：

$$2H_2+O_2 \rightarrow 2H_2O$$

化學反應在日常生活中也相當常見。**比如物質的燃燒就是一種物質與氧結合的化學反應，而我們的呼吸也是將氧氣吸入後，燃燒體內的葡萄糖等養分的化學反應**。

由於化學反應是由分子的碰撞引起的，因此加熱會使分子的運動加劇，讓原先不發生的反應得以進行，或是加速進行。

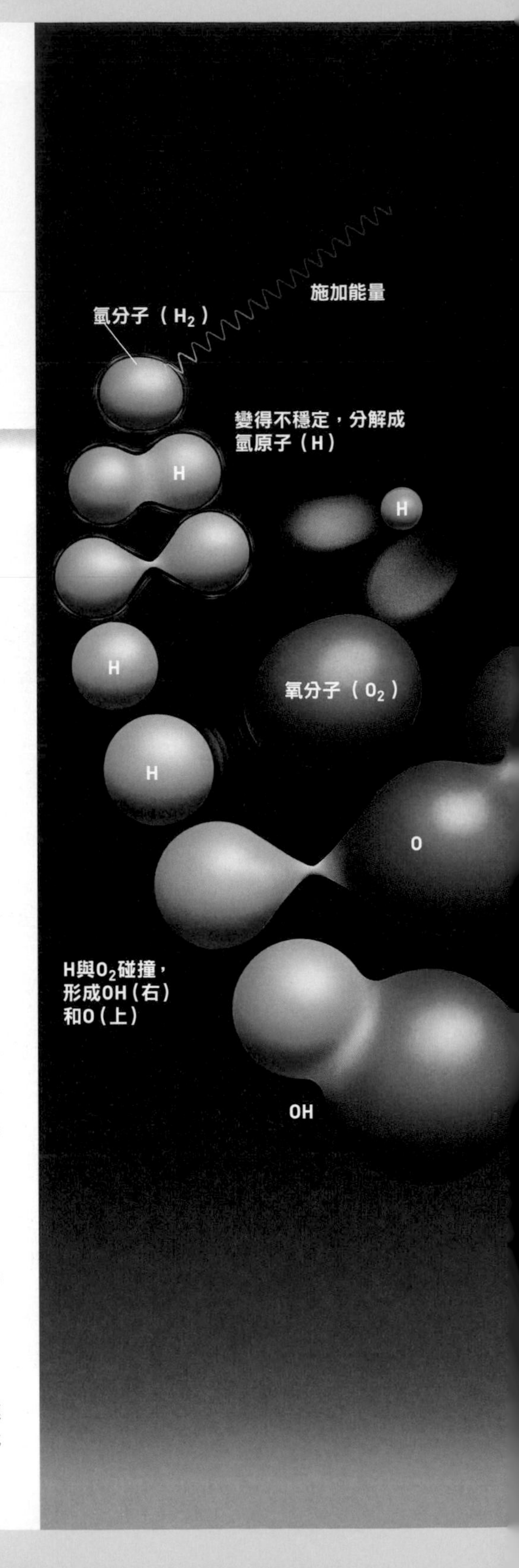

編註：化學反應不會以任何方式改變原子核，而僅限於在原子外的電子雲交互作用。核反應則會改變反應的原子，變成另一種原子，因此核反應不是化學反應。

水分子的生成

氧和氫是容易發生化學反應的元素，但僅僅是分子接觸並不會發生反應。只有施加光或熱能，使分子的動能增加時，分子才會分解成原子或與其他分子碰撞，從而迅速引起反應並生成水分子。

什麼是「可溶於水」？

離子被水分子帶走

物質**能溶解於水中，是指能與水分子均勻混合**。例如，鹽（氯化鈉）由鈉離子和氯離子交替排列而成，但是一旦將其放入水中，原本結合在一起的2種離子便會分離並四散開來。

1個水分子中有帶著微弱正電荷的部分，和帶著微弱負電荷的部分。因此，當鹽溶解於水中時，帶有正電荷的鈉離子會被水分子的負電荷部分吸引，帶有負電荷的氯離子則會被水分子的正電荷部分吸引。**離子就這樣被多個水分子包圍，從鹽的固體中被分離出來**。

像鹽這樣能在水中分解成離子的物質稱為「電解質」（electrolyte）。相反的，無法在水中分解成離子的物質稱為「非電解質」（non-electrolyte）。

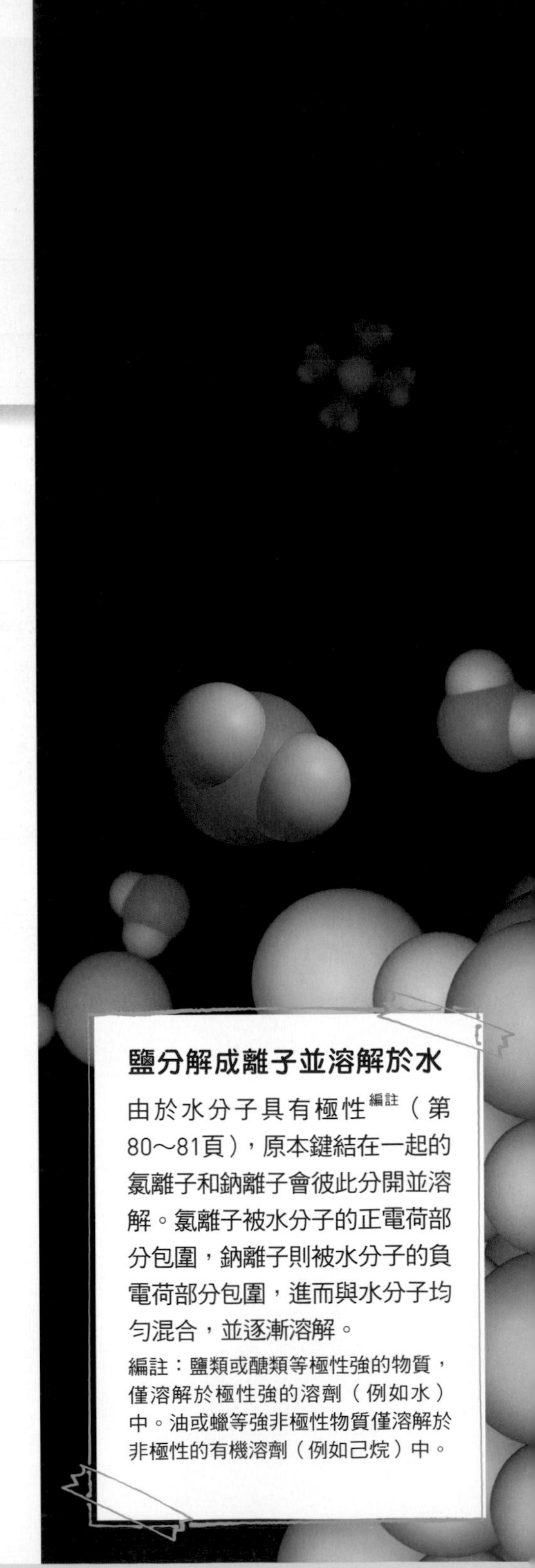

鹽分解成離子並溶解於水

由於水分子具有極性[編註]（第80～81頁），原本鍵結在一起的氯離子和鈉離子會彼此分開並溶解。氯離子被水分子的正電荷部分包圍，鈉離子則被水分子的負電荷部分包圍，進而與水分子均勻混合，並逐漸溶解。

編註：鹽類或醣類等極性強的物質，僅溶解於極性強的溶劑（例如水）中。油或蠟等強非極性物質僅溶解於非極性的有機溶劑（例如己烷）中。

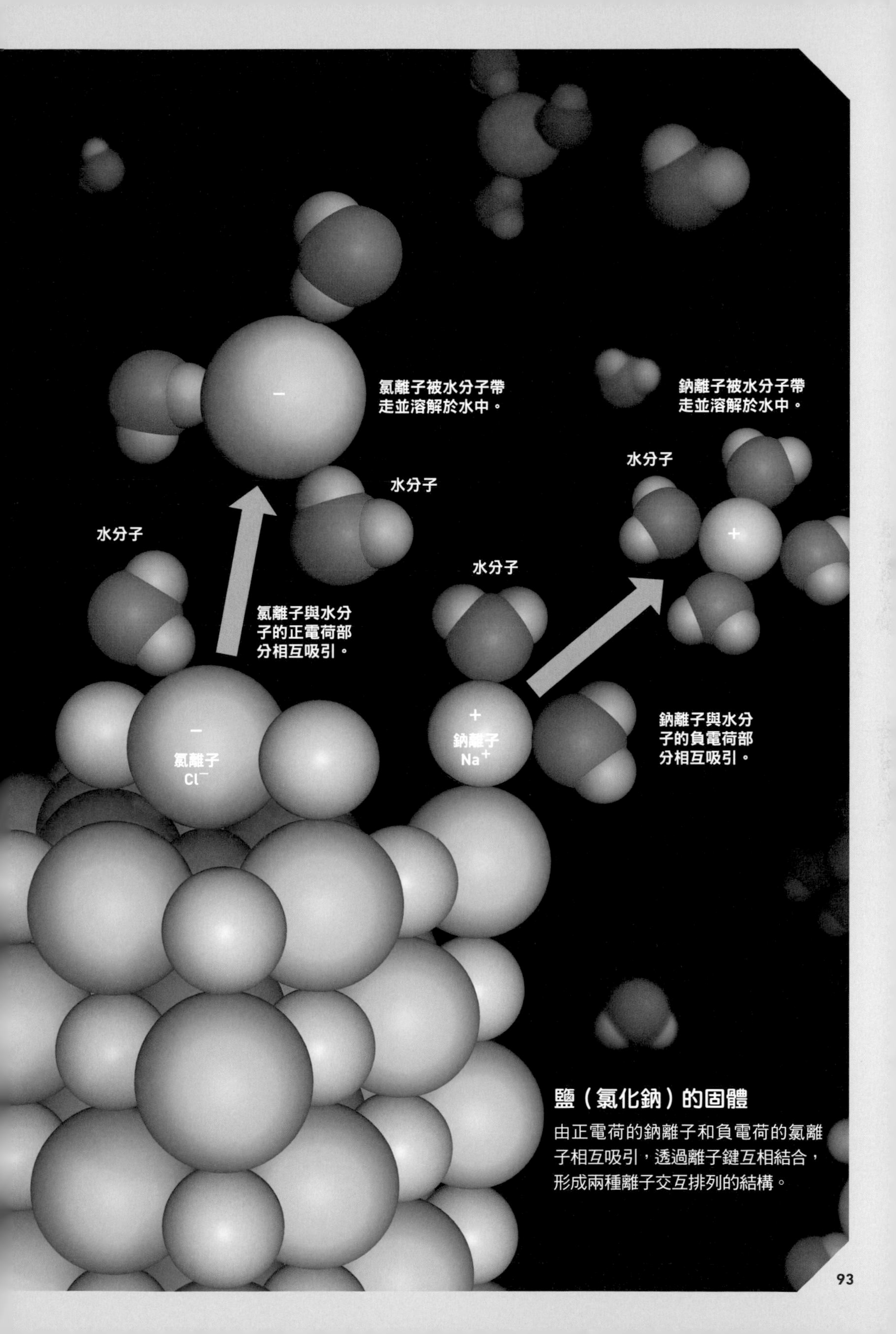

鹽（氯化鈉）的固體

由正電荷的鈉離子和負電荷的氯離子相互吸引，透過離子鍵互相結合，形成兩種離子交互排列的結構。

物質溶解於水中，使水不易結凍

鹽水的凝固點可以降低至零下21℃

為了防止冬天道路上的水結冰而導致汽車打滑，有時會在路面上噴灑防凍劑※。其實鹽也可以做為防凍劑使用，其背後的原理與鹽水不容易結冰的特性有關。

若將鹽盡可能地溶解在水中（形成飽和水溶液），則鹽水的結凍溫度（凝固點）可降低至零下21°C。這種現象稱為「凝固點下降」。

凝固點下降也會發生在糖的水溶液中。但如果將相同數量的鹽分子和糖分子溶解在水中並降低溫度，則鹽水的凝固點會下降得更多，這是因為鹽水中溶解的分子數量更多的關係。凝固點下降的程度與溶質的種類無關，而是與溶解的分子數成正比。

※：較常用的防凍劑是氯化鈣（$CaCl_2$），它在空氣中易吸水潮解，溶解於水時會放出大量的熱。

溶解粒子數量愈多，凝固點下降愈多

與鹽不同，糖會保持糖分子的形式溶解於水中。將一個糖分子溶解在水中時，溶解粒子數量為1。相較之下，將一個鹽分子溶解在水中時，它會分解為鈉離子和氯離子，因此溶解粒子數量為2。溶解粒子數量較多的鹽水，凝固點下降的幅度會更大。換句話說，凝固點下降與溶解在水（溶劑）中的物質（溶質）的種類無關，而是與溶質的濃度（莫耳濃度）成正比。

凍結溫度

鹽水的凍結溫度（凝固點）比溶有等量葡萄糖的水低了2倍。

將相同數量的鹽和葡萄糖分子溶解在純水中。若以重量計算，58.5公克的氯化鈉和180公克的葡萄糖具有相同的分子數（6.02×10^{23}個）。

糖（葡萄糖）

純水

-1.0°C

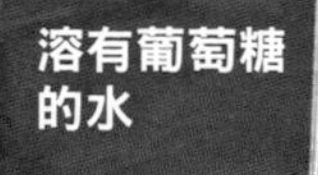

凍結溫度

糖水的凍結溫度（凝固點）比未加入任何溶質的水低，但不如鹽水那麼低。

帶有「鮮味」的物質，照鏡子後鮮味就不見了？

即便性質幾乎相同，對生物的影響卻有所不同

食物的味道（基本味覺）有甜味、鹹味、酸味、苦味和鮮味這5種。「鮮味」是在1907年由日本化學家池田菊苗（1864～1936），從昆布的萃取物「麩胺酸鈉」（monosodium glutamate，由麩胺酸與鈉結合而成的物質，俗稱味精）中發現的※。此外，池田還與企業合作，開發了以麩胺酸鈉為原料的「增味劑」。這項發明被稱為日本10大發明之一。

麩胺酸的結構有2種，左旋L型（levorotation）和右旋D型（dextrorotation）。當兩分子的組成原子種類和數量相同，但是結構不同時，稱為「同分異構物」（isomer）。麩胺酸的左旋L型和右旋D型，在分子結構上是互為鏡像的關係，因此稱之為「鏡像異構物」（enantiomer，如右圖）。

具有鏡像異構物關係的兩個分子，雖然在化學和物理性質上幾乎相同，但在對生物的影響等層面卻有所不同。例如，僅L-麩胺酸鈉具有鮮味，而D-麩胺酸鈉卻沒有。此外，只有「L-薄荷腦」（L-menthol）被用來作為牙膏等產品中的香料。

※：能產生鮮味的物質，還有從鰹魚片中提取的「肌苷酸」（inosinic acid，1913年發現）和從乾燥香菇中提取的「鳥苷酸」（guanylic acid，1957年發現）。

池田菊苗（1864～1936）

非常相似卻性質不同的「鏡像異構物」

下圖所示為L-麩胺酸和D-麩胺酸。這兩者在結構上是鏡像關係，因此被稱為「鏡像異構物」。第一次提取出的L-麩胺酸鈉晶體至今仍被完整保存，並於2010年獲得日本化學學會認定為「第1回化學遺產」（認定化學遺產第003號）。

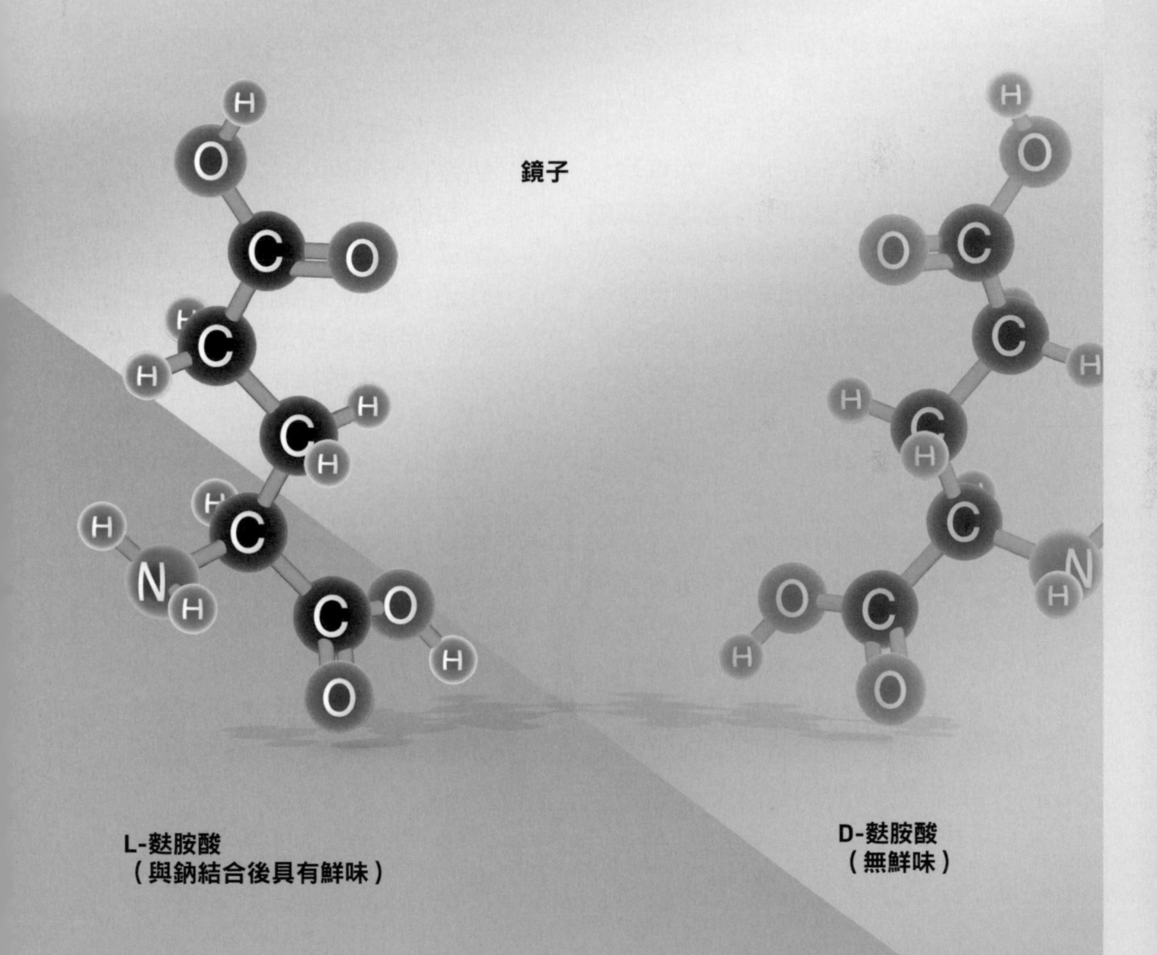

檸檬的酸味來自所含的「酸」

酸的水溶液特性，稱為「酸性」

有些食物的味道酸酸的，是因為含有「酸」(acid)。例如，檸檬中含有一種叫作「檸檬酸」的酸。在水中，檸檬酸分子會釋放出氫離子，當這些氫離子被舌頭上的受器捕捉到時，我們就會感覺到酸味。酸性溶液中也含有氫氧根離子，只是氫離子相對較多。**酸性水溶液具有的各種特性，稱為「酸性」**。酸性水溶液嚐起來酸酸的，能使石蕊試劑變紅色。

與酸對應的是「鹼」(base)。當鹼溶於水時，會產生「氫氧根離子」。鹼性溶液中也含有氫離子，只是氫氧根離子相對較多。**鹼性水溶液具有的各種特性，稱為「鹼性」**。鹼性水溶液具有澀味與滑膩性，能夠使石蕊試劑變藍色。

事實上，鹼性的食材是幾乎不存在的※。然而，在營養學上所謂的「鹼性食物」跟這裡討論的鹼性有所不同。

營養學中根據食物中所含的礦物質(無機物)的種類，將食物分為「酸性食物」和「鹼性食物」。判斷食物是酸性還是鹼性的方式，是根據食物燃燒後產生的灰燼溶於水後，水溶液呈現的酸鹼性。也就是說，這並不是在表示食物本身的酸鹼性。

根據這種分類方式，「穀物、肉類、魚類、蛋」被歸類為酸性食物，而「蔬菜、海藻、水果、大豆、馬鈴薯」則被歸類為鹼性食物。換句話說，檸檬其實也被歸類為鹼性食物。

※：蛋白和小蘇打(碳酸氫鈉)具有弱鹼性，是其中的例外。

食材大多屬於酸性

酸性和鹼性的程度以pH值（氫離子指數）的0～14來表示。除了醋和檸檬等具有酸味的食材外，肉類和魚類也是酸性的（pH5～7）。大部分的食材屬於酸性，但蛋白和小蘇打等例外，具有弱鹼性。

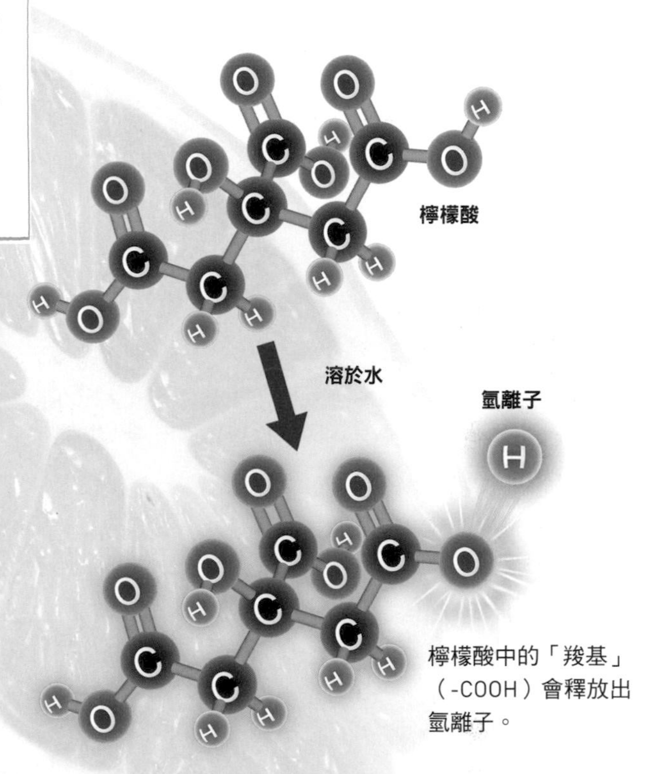

檸檬酸中的「羧基」（-COOH）會釋放出氫離子。

常見於食物中的酸除了檸檬酸，還有優格中的「乳酸」（$CH_3CH(OH)COOH$）和醋中的「醋酸」（CH_3COOH）等。

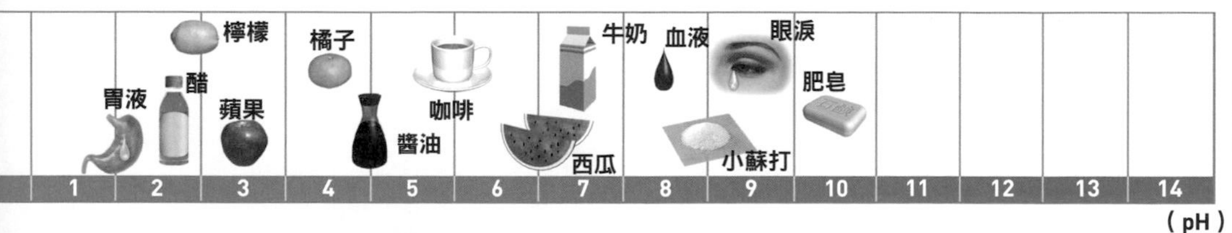

用中和反應來製作碳酸水

酸性和鹼性可以相互抵消

來製作碳酸水吧！

將一茶匙食用檸檬酸和一茶匙食用小蘇打[編註]加入500毫升的水中。如果溫度太高，二氧化碳很快就會釋放到空氣中，所以建議使用冷水來製作。若是要讓成品變得好喝，也可以添加砂糖或果汁。

編註：市售的檸檬酸與小蘇打分為藥用、食用、工業用三種，勿以藥用及工業用檸檬酸與小蘇打製作碳酸水飲料，以免傷身。

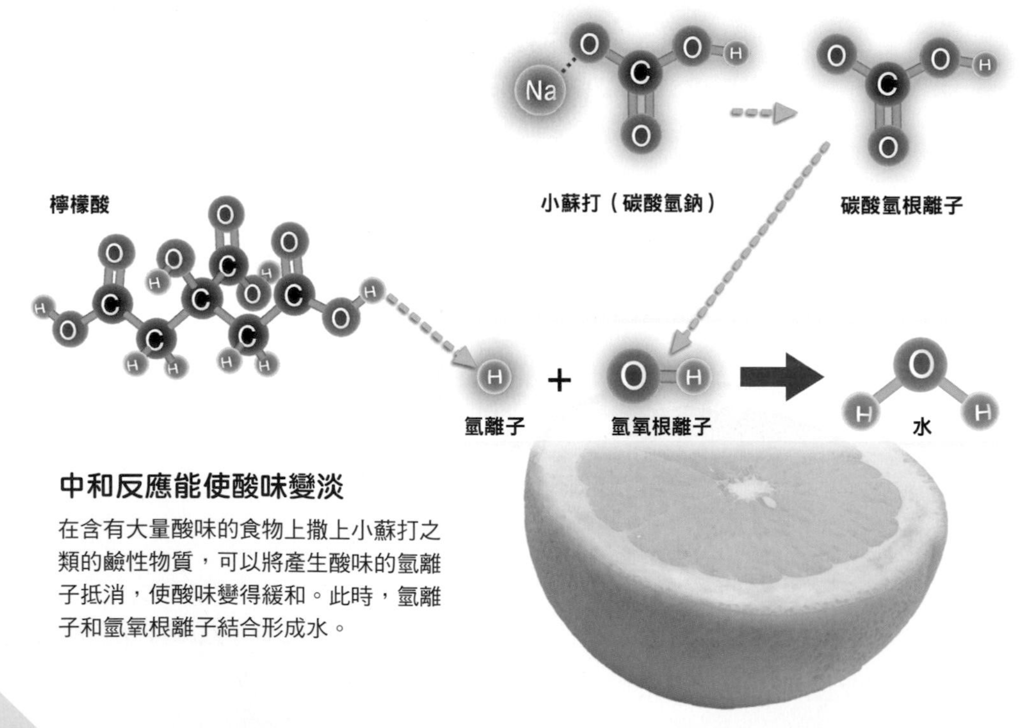

中和反應能使酸味變淡

在含有大量酸味的食物上撒上小蘇打之類的鹼性物質，可以將產生酸味的氫離子抵消，使酸味變得緩和。此時，氫離子和氫氧根離子結合形成水。

在有酸味的食物上撒上小蘇打（碳酸氫鈉），可以減少酸味，使其更容易食用。小蘇打具有弱鹼性，當它與檸檬酸反應時，鹼性和酸性會相互抵消，使酸味變淡。像這樣**酸性和鹼性相互抵消的反應，稱為「中和反應」（neutralization reaction）**。

當發生酸鹼中和反應時，大多數情況下會產生水。這是因為從酸中釋放出的氫離子和從鹼中釋放出的氫氧根離子結合，形成水分子。實際上檸檬酸和小蘇打進行中和反應時，除了水之外，還會產生二氧化碳。當二氧化碳溶解在水中，就會產生口感清爽的碳酸水（又稱蘇打水、氣泡水）。

然而，在這個中和反應中，也會產生一種類似肥皂水味道的「檸檬酸三鈉」（trisodium citrate）。像這樣**透過中和反應產生的物質則稱為「鹽類」（salt）**。

標示「危險！請勿混用」的清潔劑，為何混用會有危險？

當氯系清潔劑和酸性清潔劑混合時，會產生氯氣

許多氯系清潔劑中含有「次氯酸鈉」這種物質。它是由次氯酸（由次氯酸離子和氫離子組成）這種酸，和氫氧化鈉等鹼性物質反應生成的鹽類（如前一頁）。**當氯系清潔劑與主要成分為鹽酸（hydrochloric acid）的酸性清潔劑混合時，會發生劇烈的反應，並產生氯氣**。

這個反應會在一瞬間發生。當人吸入氯氣後，很快就會失去意識，若沒有及時處置的話，甚至可能喪命。因此，這種具有危險性的氯系清潔劑和酸性清潔劑上都會標示「危險！請勿混用」。

更麻煩的是，只要是酸性比次氯酸強的酸，都會發生類似反應，因此就連醋也具有危險性。例如，在剛用氯系清潔劑清洗的洗碗槽上打翻醋的話，也可能引起致命的事故。

危險！清潔劑會產生氯氣

當氯系清潔劑的次氯酸鈉與酸性清潔劑的鹽酸混合時，會產生氯氣。首先，次氯酸鈉與鹽酸混合後，會釋放出弱酸性的次氯酸（**1**）。次氯酸接著與鹽酸進一步反應（**2**），分解成氯氣和水分子（**3**）。急遽生成的氯氣會在水中形成氣泡，並釋放到空氣中。

氯系清潔劑和酸性清潔劑的危險反應

$NaClO$	+	HCl	→	$NaCl$	+	$HClO$
次氯酸鈉 （氯系清潔劑）		鹽酸 （酸性清潔劑）		氯化鈉		次氯酸

$HClO$	+	HCl	→	H_2O	+	Cl_2
次氯酸		鹽酸 （酸性清潔劑）		水		氯氣

由於非常危險，請絕對不要嘗試進行實驗。

氯氣的生成

氯氣會與生物黏膜中的水分反應，產生鹽酸等物質，因此毒性非常強烈，甚至會破壞黏膜。

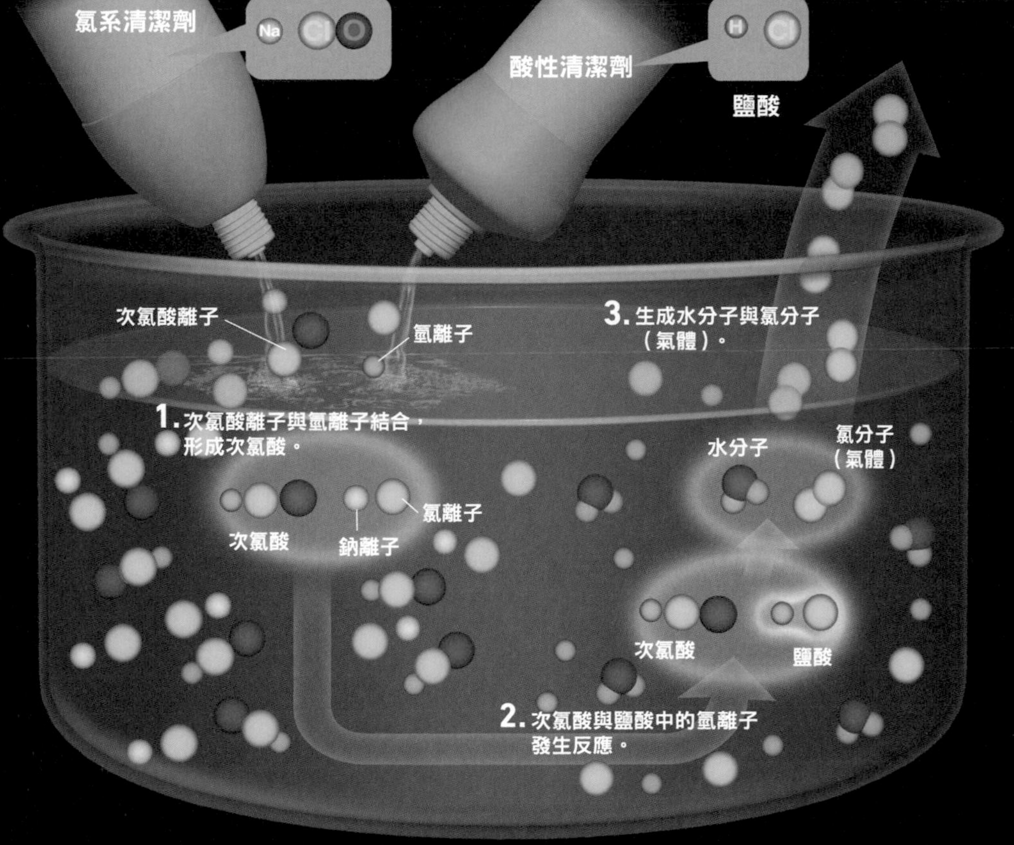

次氯酸鈉

氯系清潔劑

Na Cl O

酸性清潔劑

H Cl

鹽酸

次氯酸離子

氫離子

3. 生成水分子與氯分子（氣體）。

1. 次氯酸離子與氫離子結合，形成次氯酸。

水分子

氯分子（氣體）

氯離子

次氯酸

鈉離子

次氯酸

鹽酸

2. 次氯酸與鹽酸中的氫離子發生反應。

「從空氣中製作麵包」的兩位化學家

靠著催化劑的力量，為食物生產帶來革命的「哈柏－波希法」

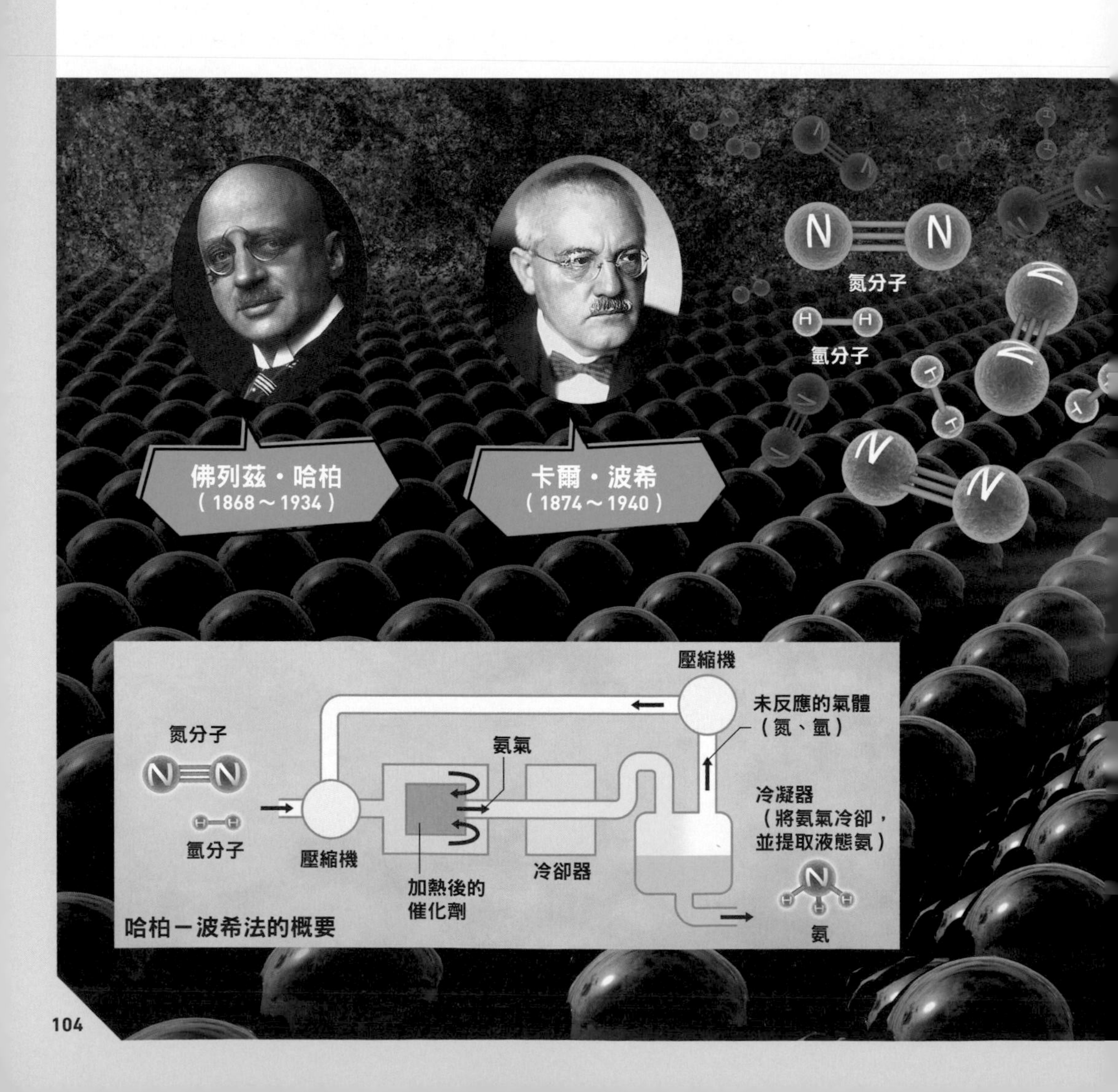

在19世紀的歐洲，由於人口急速增加，讓生產糧食所需的肥料出現短缺。有鑑於此，英國化學家克魯克斯（William Crookes，1832～1919）提議「利用空氣中的氮分子」。**氮是土壤中所必需的元素，而氮肥可以從氨製造出來。而他的目標便是透過空氣中的氮分子來合成氨**。

最終由2位德國化學家實現。首先，哈柏（Fritz Haber，1868～1934）成功合成了氨。基於這項技術，波希（Carl Bosch，1874～1940）在1912年成功將製程工業化（大規模生產）。由於這一項成就，哈柏與波希分別在1918年和1931年獲得了諾貝爾化學獎。編註

這種稱為「哈柏－波希法」（Haber-Bosch process）的方法，因為利用了空氣中的物質，也被稱為「從空氣中製作麵包的方法」。

編註：在哈柏－波希法發現之前，氨一直難以大規模生產，因為能耗大，效率低。1911年波希研發出高壓合成氨反應器，使之符合成本效益，成功商業運作。據估計，藉由哈柏－波希法生產的氮肥料，養活了三分之一的地球人口。

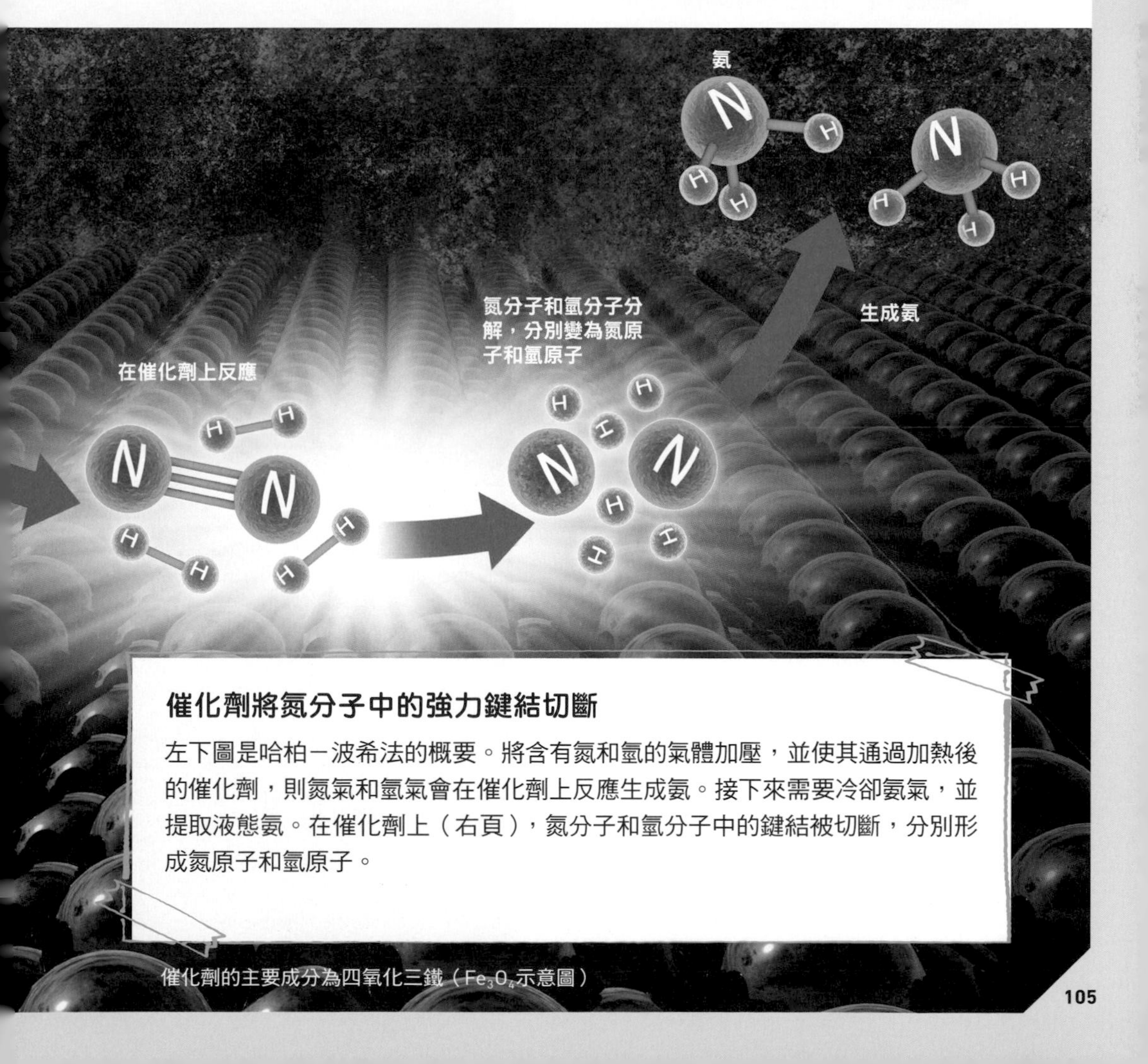

催化劑將氮分子中的強力鍵結切斷

左下圖是哈柏－波希法的概要。將含有氮和氫的氣體加壓，並使其通過加熱後的催化劑，則氮氣和氫氣會在催化劑上反應生成氨。接下來需要冷卻氨氣，並提取液態氨。在催化劑上（右頁），氮分子和氫分子中的鍵結被切斷，分別形成氮原子和氫原子。

催化劑的主要成分為四氧化三鐵（Fe_3O_4示意圖）

蠟燭燃燒的原理

火焰的表面和內部到底發生了什麼事？

蠟燭燃燒的原理，其實相當複雜。蠟是由碳和氫組成的物質。當加熱時，蠟會熔化成液態並因毛細作用（capillarity）沿著棉線燭芯上升，再進一步加熱則會變成氣態的蠟。

氣態的蠟會與大氣中的氧氣迅速進行化學反應，產生二氧化碳和水蒸氣。同時，過程中也會產生光和熱，這個現象就是「燃燒」。以蠟燭來說，由於火焰的內部無法充分接觸到氧氣，因此火焰內部的氣態蠟會處於有如「悶燒」的狀態。在這種情況下，就會形成「碳微粒」。

蠟燭的火焰之所以會呈現明亮的黃色或橙色，就是因為這些碳微粒在發光的關係。然而，至今尚不清楚氣態的蠟是如何轉變為固態的碳微粒。

燭焰的構造

下方是蠟燭的火焰示意圖。蠟燭的火焰是「擴散燃燒」（diffusion combustion）[編註]的一個例子（參考右上方的表格）。

編註：擴散燃燒是指可燃性氣體擴散與氧氣結合後引燃，並在燃燒中持續的擴散。由於不完全燃燒，產生較多的煙灰，煙灰碳微粒因火焰的熱量而呈白熾狀態，並使火焰呈現橙黃色。

明亮的火焰

高溫下的碳微粒發出明亮的光芒。這種光芒比表面的藍色光芒要亮得多。

碳微粒

在火焰中不斷生成。微粒之間有時會聚集成葡萄串狀，但大部分最終會在火焰中燃燒殆盡。

燭芯周圍較暗

燭芯周圍充滿未燃燒的氣態蠟，所以看起來較暗。

底部呈藍色

由於大量的空氣（氧氣）從火焰的底部進入，讓燃燒更加充分，因此不會產生碳微粒，能看到不穩定的分子發出的藍色光芒。

蠟燭的燭芯

液態的蠟透過毛細作用沿著燭芯向上傳遞。

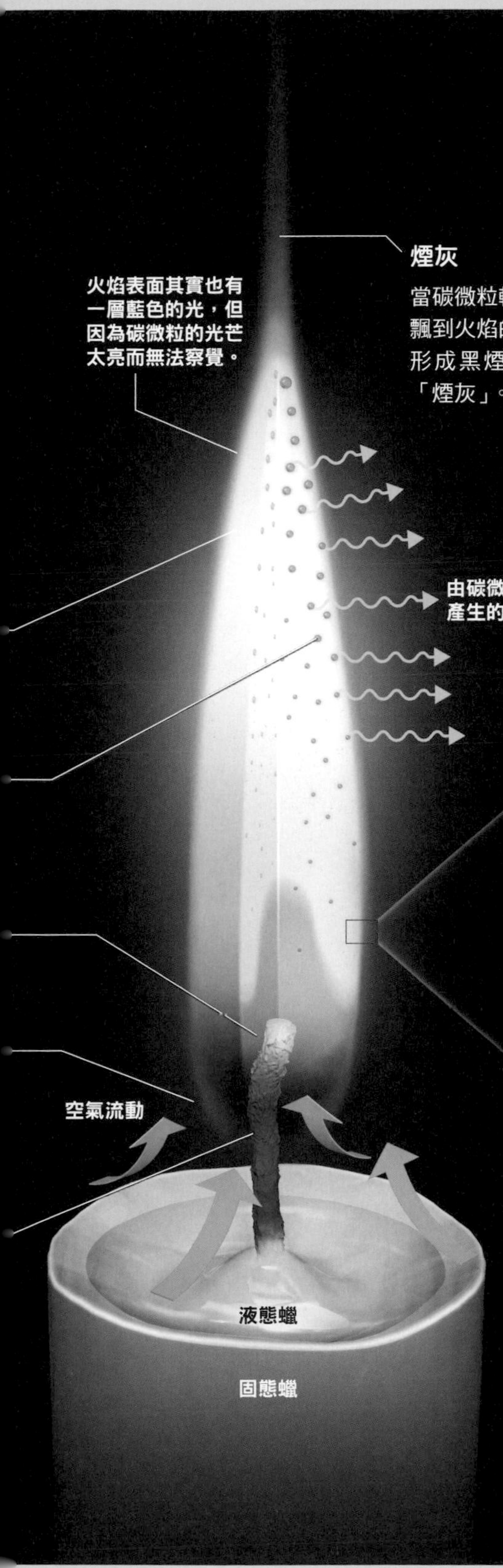

火焰表面其實也有一層藍色的光，但因為碳微粒的光芒太亮而無法察覺。

煙灰

當碳微粒較多時，它們會飄到火焰的頂端並降溫，形成黑煙排出，這就是「煙灰」。

由碳微粒產生的光

空氣流動

液態蠟

固態蠟

形成火焰的燃燒反應

擴散燃燒	預混燃燒
燃料和氧氣分別從不同位置進入並燃燒。由於在火焰內部會形成碳微粒，所以火焰會發出明亮的黃光或橙光。	燃料和氧氣預先混合後進行燃燒。較不容易產生碳微粒，火焰呈現藍色。
例如：蠟燭、篝火	例如：瓦斯爐、燃氣燈

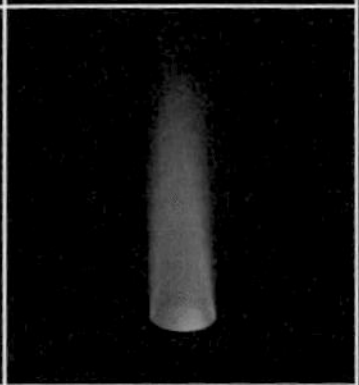

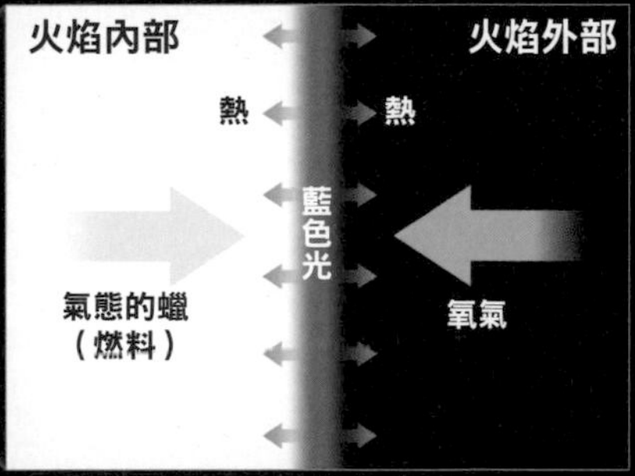

火焰內部

火焰外部

熱

熱

藍色光

氣態的蠟（燃料）

氧氣

化學反應只發生在火焰表面

這裡將火焰的表面放大來說明。氣態的蠟和氧氣的化學反應（燃燒）只發生在火焰表面上，非常薄的區域中。這些化學反應產生的不穩定分子會發出藍色的光。同時，在這個區域產生的熱能會往火焰的內部和外部傳播。

引起激烈燃燒反應的物質，促成炸藥的開發

能當炸藥也能當醫藥的「硝化甘油」

硝化甘油具有兩面性

硝化甘油既能作為破壞力強大的炸藥，又可用作藥物。在1870年代，當時在硝化甘油工廠工作的工人，在工作時會出現嚴重的頭痛。也有些人在工作時沒有心絞痛，但回到家後卻心絞痛發作。因此，人們開始了解硝化甘油具有擴張血管的作用，而頭痛可能是因為頭部血管擴張，刺激到周圍的神經所致。

硝化甘油炸藥

硝化甘油炸藥

硝化甘油的燃燒反應

$$4C_3H_5N_3O_9 \rightarrow 6N_2 + 12CO_2 + 10H_2O + O_2$$

硝化甘油　氮氣　二氧化碳　水　氧氣

硝化甘油會因為熱或撞擊而分解，釋放出氧氣。這些氧氣會使碳和氫燃燒，產生二氧化碳和水。

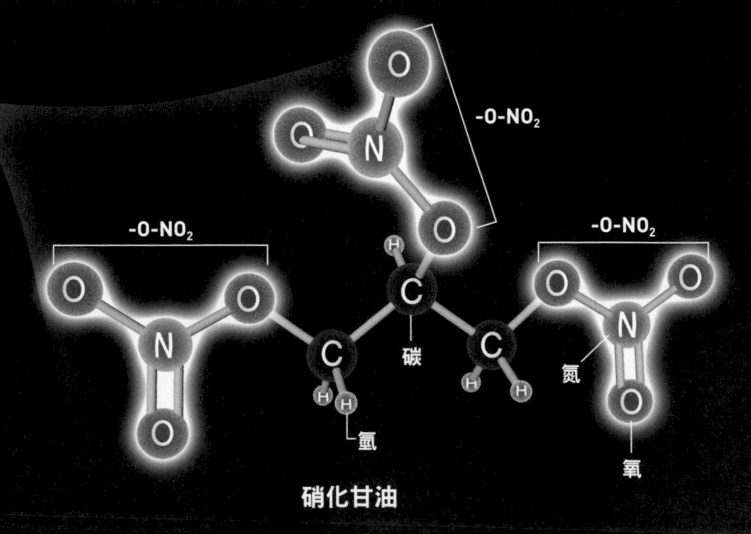

硝化甘油

一直以來，人類將能引起激烈燃燒現象的物質作為火藥和炸藥，使用在礦山開發和戰爭之中。炸藥之中最有名的例子，是瑞典化學家諾貝爾（Alfred Nobel，1833～1896）於1866年發明的「硝化甘油炸藥」（dynamite）。

硝化甘油炸藥的原料是一種無色透明的液體，稱為「硝化甘油」（nitroglycerin又稱三硝酸甘油酯）。硝化甘油是由碳（C）鏈上，連接三個由氮（N）和氧（O）形成的「$-O-NO_2$」結構所組成的※。像$-O-NO_2$這種氮和氧的結合非常不穩定，因此在燃燒過程中，氮和氧會分離，並且氮之間會互相結合，而氧則與碳結合，產生較為穩定的氮分子（N_2）和二氧化碳（CO_2），這時釋放出的能量就成為爆炸時的破壞力。

此外，硝化甘油還具有擴張血管的作用，因此也被用作治療「心絞痛」[編註]的藥物。

編註：心絞痛是指心臟冠狀動脈因長時間膽固醇累積，形成不規則粥塊脂肪，讓動脈硬化、堵塞，導致心肌缺氧壞死引起的胸痛。

※：像這樣由碳鏈和$-O-NO_2$結合所形成的物質稱為「硝酸酯」（nitrate ester）。

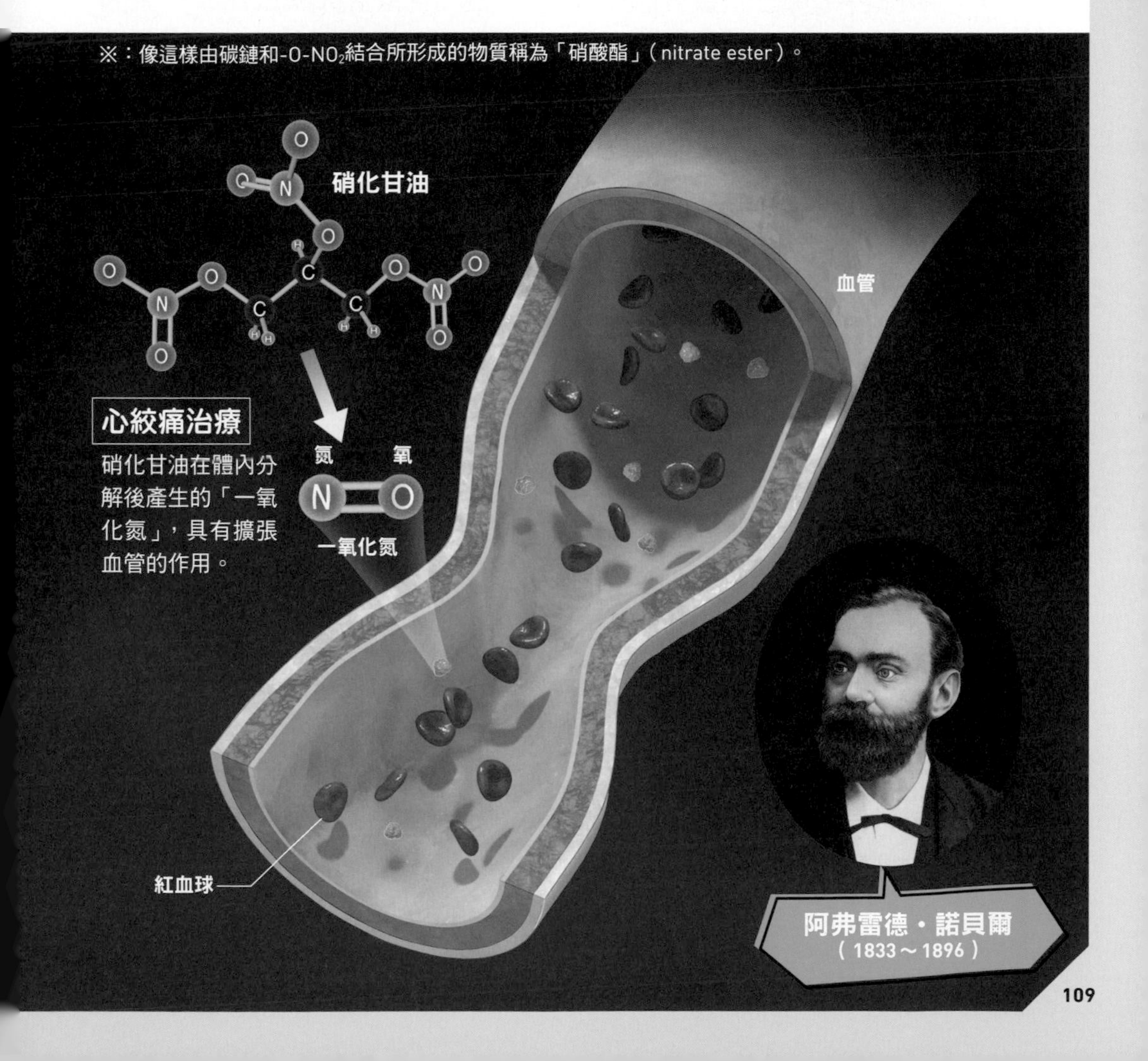

製鐵是大規模的「還原反應」

鐵根據含碳量的不同而分為不同的種類

人類從西元前15世紀左右便開始使用的「鐵」，至今仍然是相當重要的物質。

鐵不但易於加工，還可以製成合金等來改變其性質。因此，它成為了建築材料、武器、機械等各種物品的材料，大大地促進了文明的發展。

鐵根據含碳量的不同，分為幾種不同的種類。含碳量3%～4%的稱為「生鐵」，其性質硬而脆，且容易受熱熔化。含碳量為0.02%～2%的「鋼鐵」兼具硬度和彈性。含碳量低於0.02%的「熟鐵」則柔軟且易於加工，因此常用於電磁材料等。

在自然界中，鐵是以與氧結合的「氧化鐵」形式存在。要從氧化鐵中提取鐵，需要使用木炭等物質中的碳來將氧去除。**將氧從含有氧的化合物中去除的過程稱為「還原」（reduction）。相反的，物質與氧結合的過程稱為「氧化」（oxidation）**。

也就是說，製鐵是一個巨大的「還原反應」。然而，在化學中其實是以電子的傳遞來定義氧化與還原反應，因此有些反應雖然與氧無關，也稱為氧化還原反應。物質失去電子的反應稱為氧化反應；反之，接受電子的反應稱為還原反應（如下圖）。

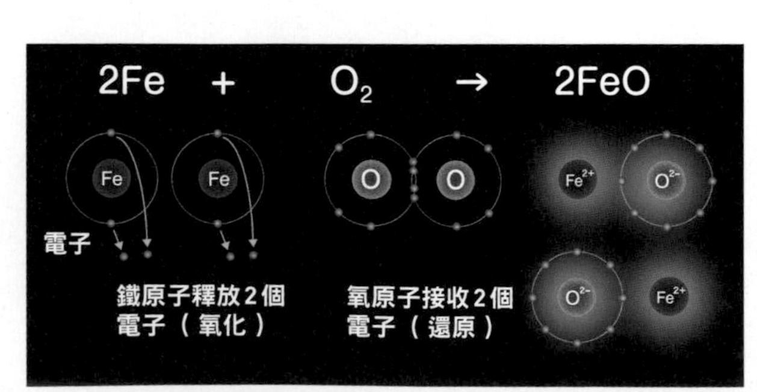

氧化還原反應可理解為「電子的傳遞」

例如，觀察鐵（Fe）和氧（O）結合形成氧化鐵（FeO）的反應。在這個過程中，鐵原子失去了2個電子，而這些電子則被氧原子接收。因此，我們會說鐵原子被氧化，而氧原子被還原。

現在，以赤鐵礦為原料的製鐵技術成為主流

在古代，製鐵是以「鐵砂」（磁鐵礦，magnetite, Fe_3O_4）為原料。之後隨著高爐製鐵技術的確立，以「赤鐵礦」（hematite，Fe_2O_3）為原料的製鐵技術成為主流。在製鐵過程中，將原料赤鐵礦和煤焦（coke，經過煅燒的煤炭：純碳）等交替投入高度超過100公尺的「高爐」（shaft furnace）中，並從爐底注入熱風。於是煤焦燃燒產生一氧化碳，而一氧化碳會將赤鐵礦還原，形成熔融狀態的生鐵。生鐵接著被注入稱為「轉爐」（converter）的爐中，添加生石灰或白雲石助熔劑作為化學鹼，透過噴槍將氧氣吹到熔融的生鐵上，將雜質和多餘的碳去除，製成鋼同時保護轉爐的襯裡。世界上生產的鋼鐵大部分都是使用鹼性氧氣轉爐生產的。

Column

Coffee Break

鑽石也會燃燒

大家想必都知道，鑽石是一種非常堅硬的物質。既然都稱為「寶石」，自然會將它與石頭聯想在一起。然而，**實際上鑽石是由碳晶體組成的，因此它也會燃燒**。

在1772～1773年左右，法國化學家拉瓦節（Antoine Lavoisier，1743～1794）進行了一系列燃燒各種物質的實驗，並嚴謹的記錄了燃燒過程。在這個過程中，拉瓦節也進行了燃燒鑽石的實驗。

他使用了2枚巨大的透鏡（右圖中的A、B）來將太陽光聚集照射在鑽石上，並發現在高溫下鑽石開始燃燒，產生了二氧化碳。編註

編註：當溫度高於4330℃左右時，鑽石會迅速轉化為石墨，而石墨在約700°C以上時很容易氧化形成二氧化碳。

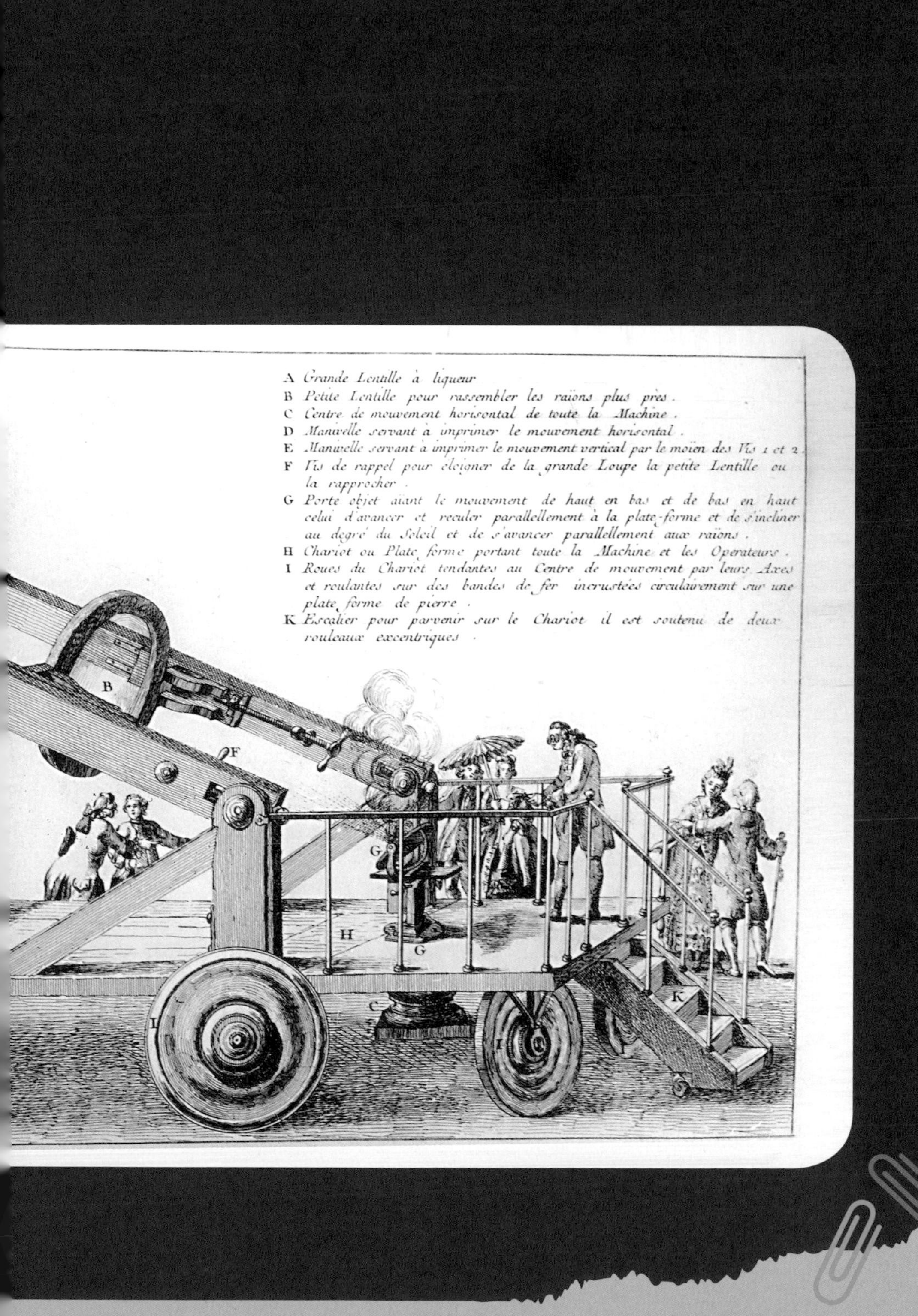
A Grande Lentille à liqueur
B Petite Lentille pour rassembler les raïons plus près.
C Centre de mouvement horisontal de toute la Machine.
D Manivelle servant à imprimer le mouvement horisontal.
E Manivelle servant à imprimer le mouvement vertical par le moïen des Vis 1 et 2.
F Vis de rappel pour éloigner de la grande Loupe la petite Lentille ou la rapprocher.
G Porte objet aïant le mouvement de haut en bas et de bas en haut celui d'avancer et reculer parallellement à la plate-forme et de s'incliner au degré du Soleil et de s'avancer parallellement aux raïons.
H Chariot ou Plate forme portant toute la Machine et les Operateurs.
I Roues du Chariot tendantes au Centre de mouvement par leurs Axes et roulantes sur des bandes de fer incrustées circulairement sur une plate forme de pierre.
K Escalier pour parvenir sur le Chariot il est soutenu de deux rouleaux excentriques.
B
F
G
H
G
C
I
I
K

4

現代社會不可或缺的有機化學

有機物是指含有碳的複雜化合物，而「有機化學」就是為了解析有機物的性質所發展出的一門學問。有機物的性質主要由「元素之間的連結方式」所決定，而碳元素在其中扮演著至關重要的角色。現在就一起來探索種類繁多的有機物世界吧！

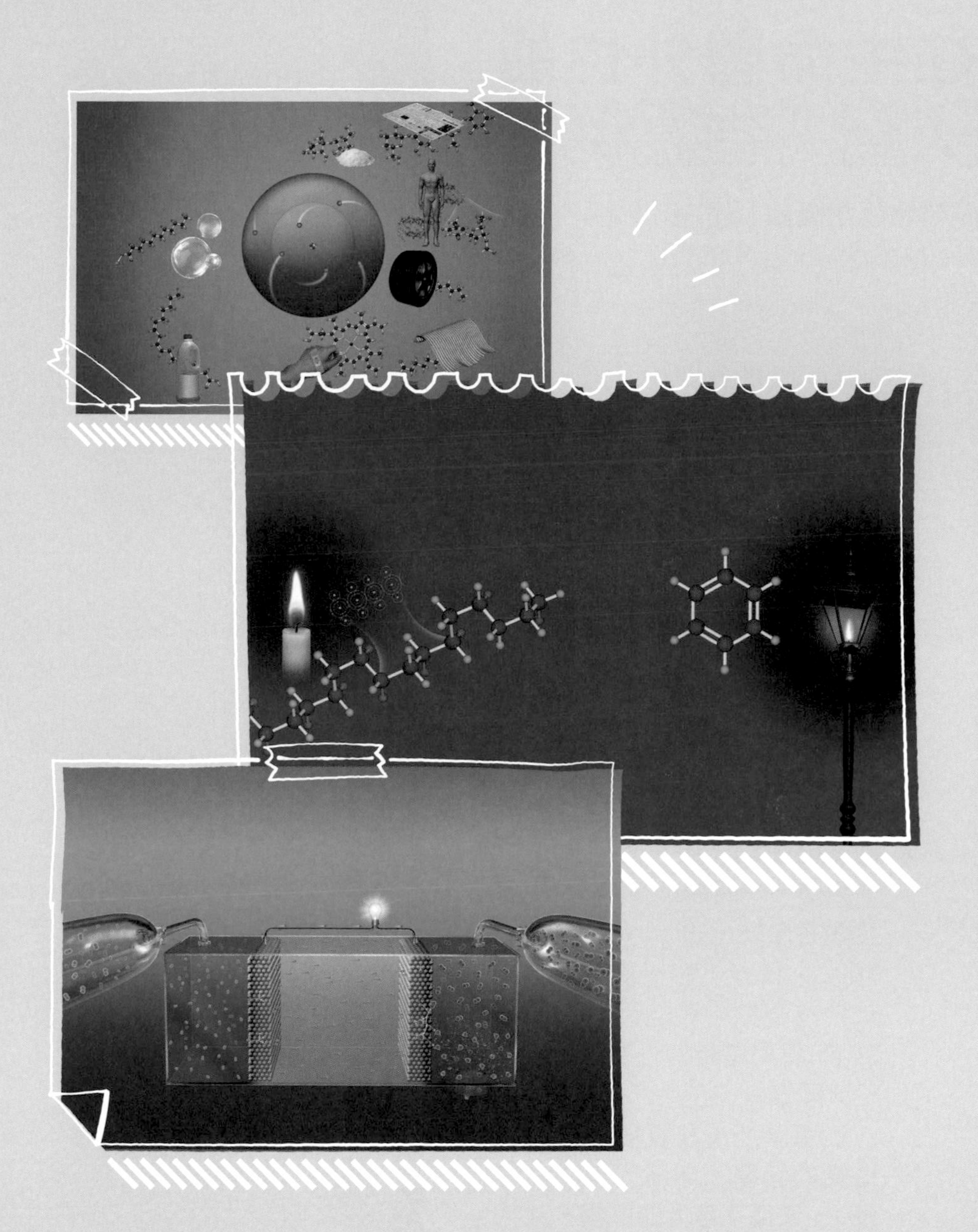

現代社會不可或缺的有機化學

在生命體外也能製造「有機物」

顛覆化學常識的18世紀化學家

18世紀的化學家將物質分為兩類，將生物體內產生的物質稱為「有機物」（organic compound），而不在生物體內產生的物質則稱之為「無機物」（inorganic compound）。例如澱粉、蛋白質、酒精等許多物質屬於有機物。相對地，無機物指的是水、岩石、金屬等物質。

當時人們認為有機物是由生命活動產生的，不可能用人工的方式製造。然而在1828年2月，德國化學家烏勒（Friedrich Wöhler，1800～1882）在一次實驗中，意外地在燒瓶中製造出有機物「尿素」，這對當時的化學家們來說是一大震撼。

從那時起，**在實驗室裡製造有機物的科學，亦即「有機合成化學」，取得了巨大的進展。時至今日，藥物、合成纖維、塑膠、塗料等各式各樣的物質，都是透過有機合成製造的**。

弗里德里希・烏勒
（1800～1882）

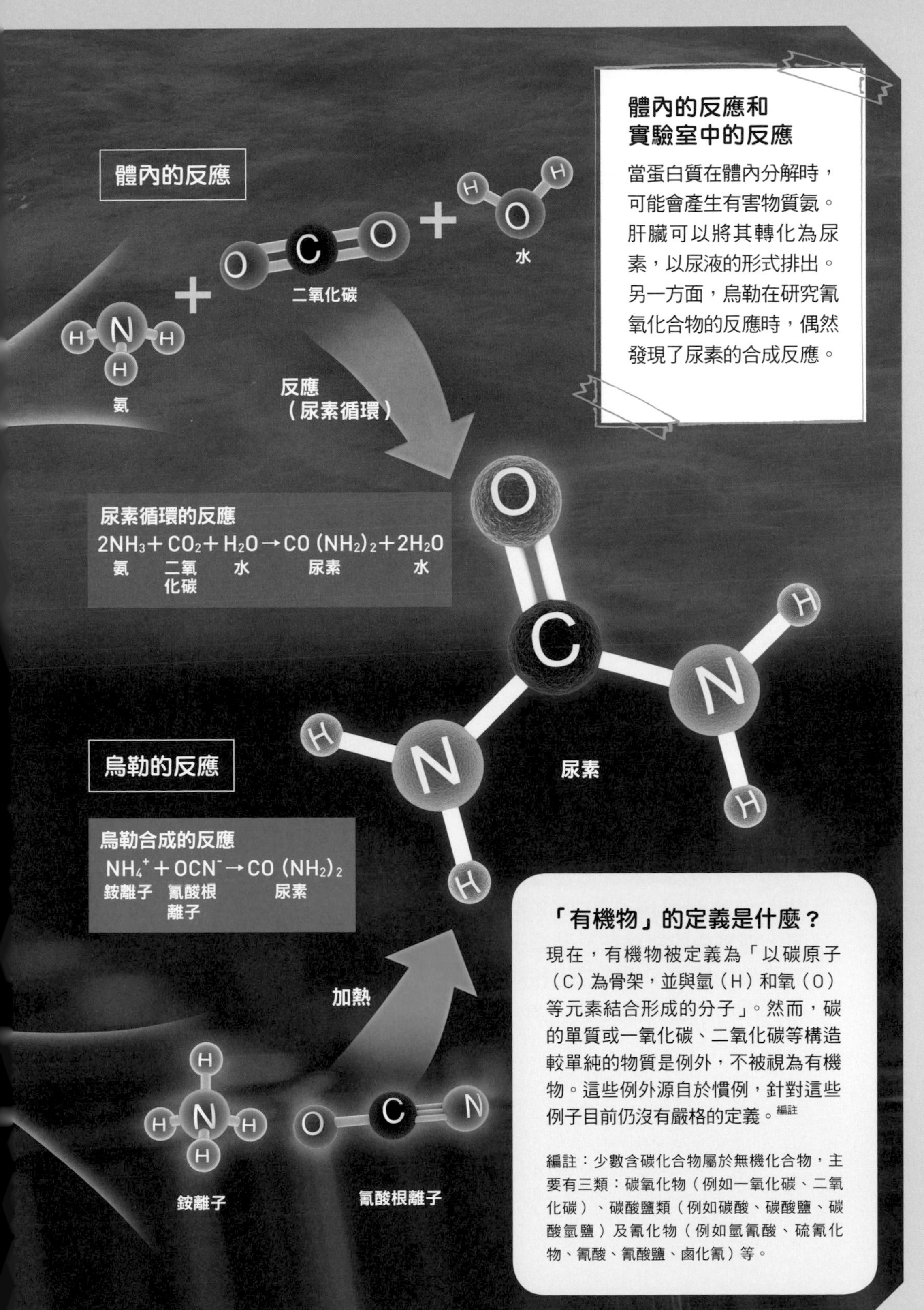
體內的反應
水
二氧化碳
氨
反應
（尿素循環）
尿素循環的反應
$2NH_3 + CO_2 + H_2O \rightarrow CO(NH_2)_2 + 2H_2O$
氨 二氧化碳 水 尿素 水
尿素
烏勒的反應
烏勒合成的反應
$NH_4^+ + OCN^- \rightarrow CO(NH_2)_2$
銨離子 氰酸根離子 尿素
加熱
銨離子
氰酸根離子
體內的反應和實驗室中的反應
當蛋白質在體內分解時，可能會產生有害物質氨。肝臟可以將其轉化為尿素，以尿液的形式排出。另一方面，烏勒在研究氰氧化合物的反應時，偶然發現了尿素的合成反應。
「有機物」的定義是什麼？
現在，有機物被定義為「以碳原子（C）為骨架，並與氫（H）和氧（O）等元素結合形成的分子」。然而，碳的單質或一氧化碳、二氧化碳等構造較單純的物質是例外，不被視為有機物。這些例外源自於慣例，針對這些例子目前仍沒有嚴格的定義。[編註]
編註：少數含碳化合物屬於無機化合物，主要有三類：碳氧化物（例如一氧化碳、二氧化碳）、碳酸鹽類（例如碳酸、碳酸鹽、碳酸氫鹽）及氰化物（例如氫氰酸、硫氰化物、氰酸、氰酸鹽、鹵化氰）等。

在有機化學裡，碳是主角

元素的連結方式決定了有機物的性質

目前已知的118種元素所構成的物質，大部分都是無機物。無機物的性質取決於包含哪些元素，以及這些元素的比例。

至於有機物的性質，則還取決於元素的連結方式。在18世紀末，人們已經知道有機物是由碳、氫、氧、氮等少數幾種元素組成。因此，有機物的性質差異不僅取決於構成元素的種類，還取決於元素之間連結方式的不同。

儘管有機物只由少數幾種元素組成，但其種類卻比無機物多非常多，這其中的關鍵在於碳原子。研究這些由碳原子所構成的各種物質的學問，就是有機化學。

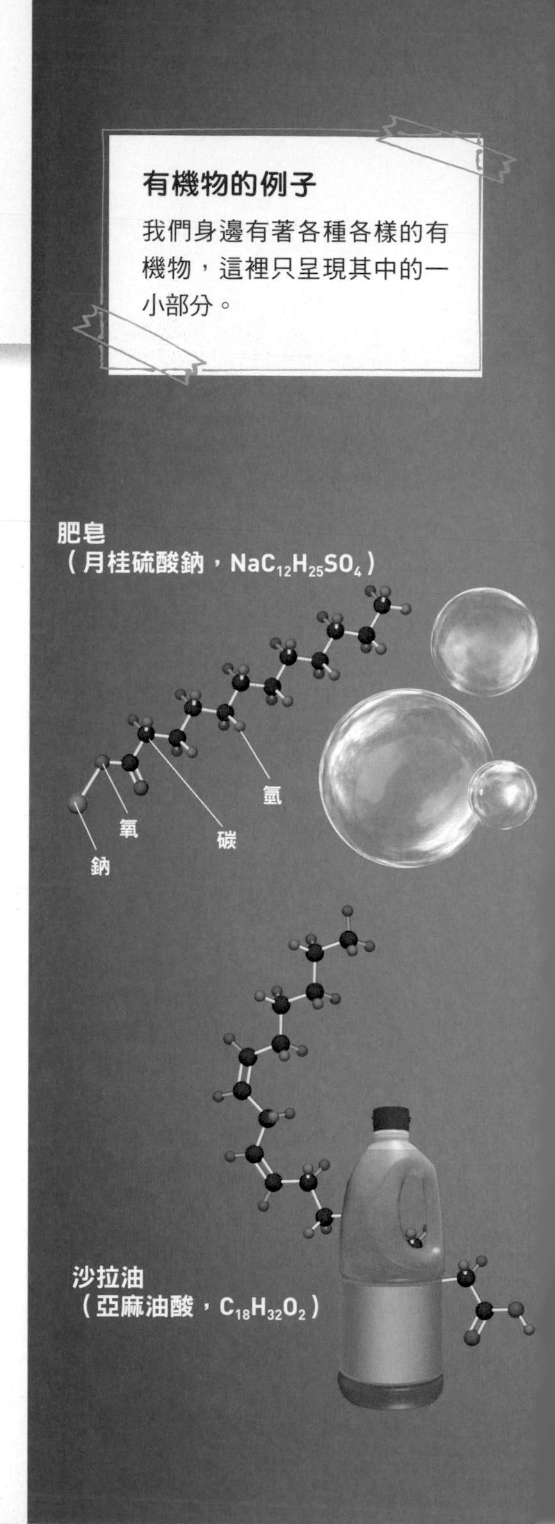

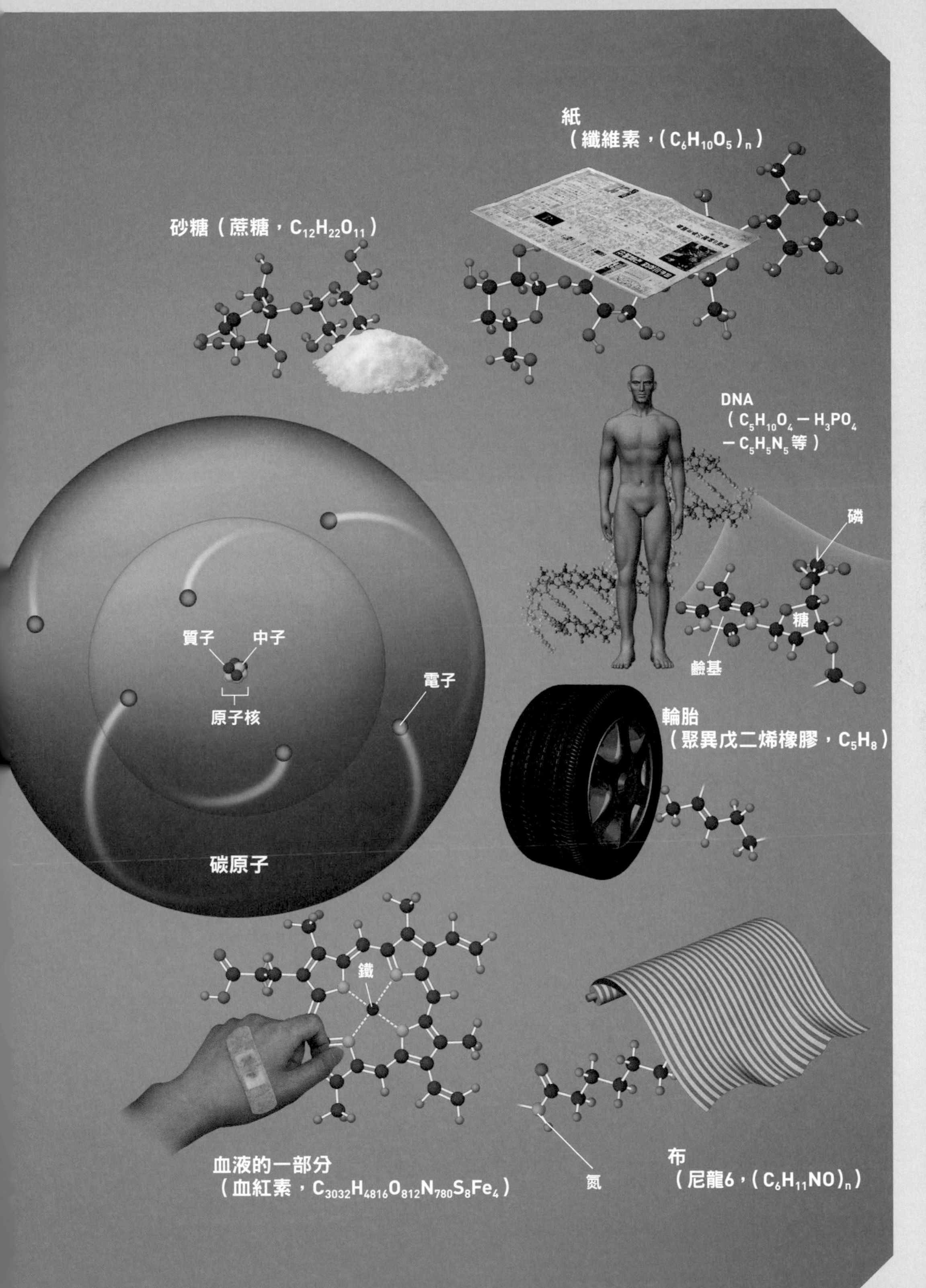

紙
（纖維素，$(C_6H_{10}O_5)_n$）
砂糖（蔗糖，$C_{12}H_{22}O_{11}$）
DNA
（$C_5H_{10}O_4-H_3PO_4$
$-C_5H_5N_5$等）
磷
糖
鹼基
質子
中子
原子核
電子
碳原子
輪胎
（聚異戊二烯橡膠，C_5H_8）
鐵
血液的一部分
（血紅素，$C_{3032}H_{4816}O_{812}N_{780}S_8Fe_4$）
氮
布
（尼龍6，$(C_6H_{11}NO)_n$）

從週期表看碳的「優勢」

碳能透過「4隻手」形成多種結合

透過釋放電子，只保留第1層軌域的元素
這些元素在外層（第2層）軌域中只有1～2個電子，因此空位比電子還要多。例如鋰，釋放1個電子後，只剩下內層（第1層）軌域的2個電子，因此變得更穩定。

較難填滿軌域的元素
這些元素擁有3個電子和5個空位。這些元素可以用3個電子形成共價鍵，填滿3個空位。剩下的2個空位只有在其他特定元素提供電子時能填滿。

可以填滿軌域的元素
這些元素分別擁有5～7個電子和3～1個空位。只要填滿這些空位，就能填滿第2層軌域，變得與氖一樣穩定。

軌域被填滿，性質穩定的元素
因為沒有手，所以氖無法形成分子，只以單一原子的形式存在。

橫向觀察週期表時，碳位於中央位置

碳在第2層軌域中擁有4個「電子」和4個「空位」。碳會努力填滿這4個空位，就像是伸出了「4隻手」一樣。

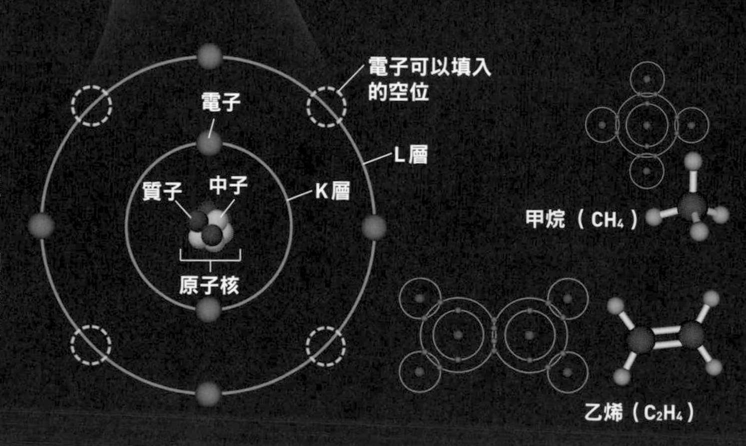

透過觀察週期表，就能理解碳能製造各種有機物的原因。**碳所屬的第14族的最大特點，是最外層軌域中含有四個電子**。元素透過最外層軌域的電子與其他原子進行結合，這也就表示碳具有4隻能與各種原子結合的手（第62～63頁）。

在擁有4隻手的元素中，碳位在週期表上最高的位置。原子鍵結的強度是由電子和原子核之間的吸引力決定的，而吸引力隨著原子核和電子之間的距離愈近而愈強。因此，碳的原子核與最外層軌域之間的距離最近，能形成強力的鍵結，且碳原子之間還可以形成雙鍵或三鍵等鍵結。雙鍵形成分子的三叉結構，而三鍵則形成鏈狀結構。如此一來，分子的多樣性就產生了。

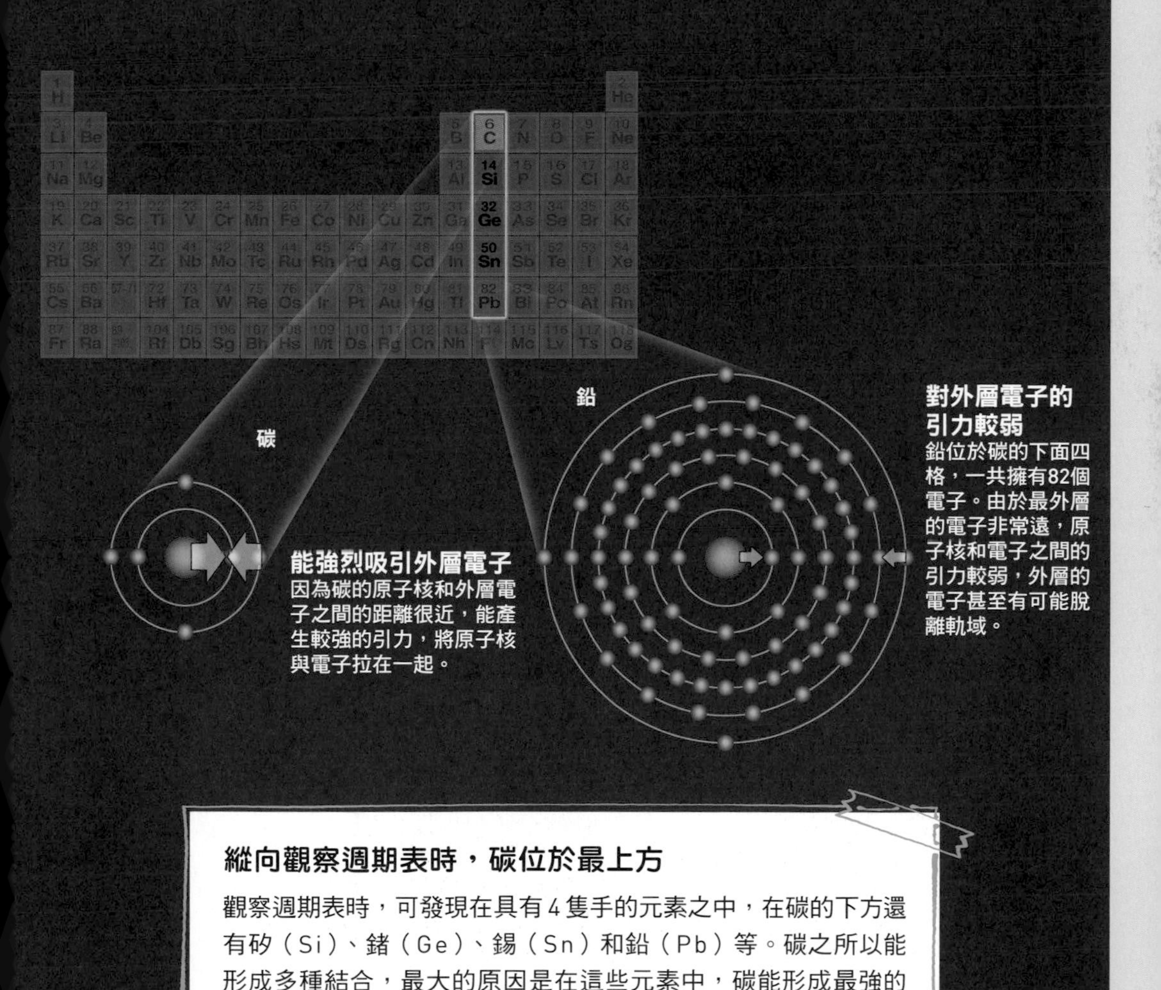

縱向觀察週期表時，碳位於最上方

觀察週期表時，可發現在具有4隻手的元素之中，在碳的下方還有矽（Si）、鍺（Ge）、錫（Sn）和鉛（Pb）等。碳之所以能形成多種結合，最大的原因是在這些元素中，碳能形成最強的鍵結。

有機物的形狀取決於碳的連接方式

碳以鏈狀或環狀連接在一起

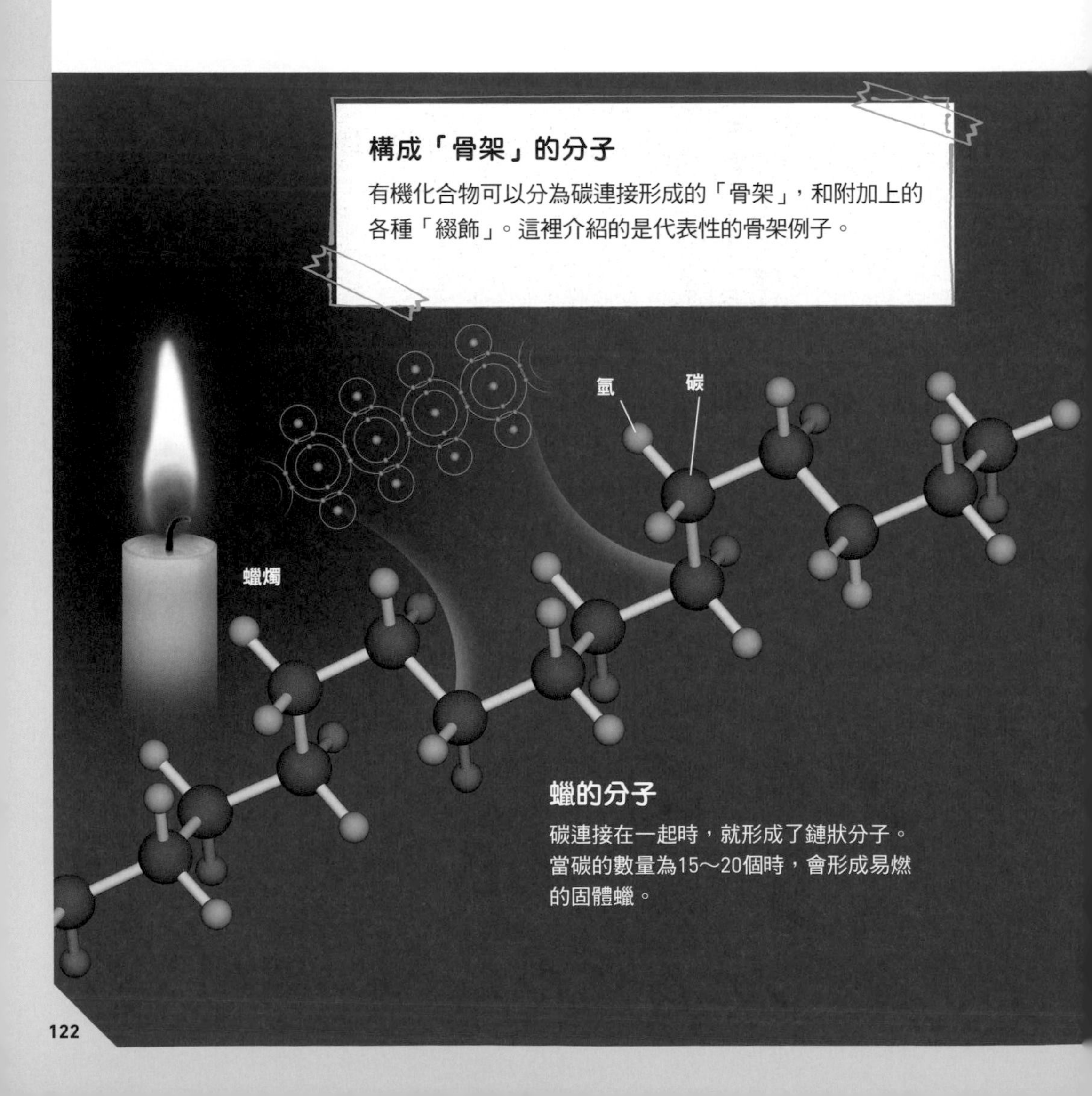

構成「骨架」的分子

有機化合物可以分為碳連接形成的「骨架」，和附加上的各種「綴飾」。這裡介紹的是代表性的骨架例子。

蠟的分子

碳連接在一起時，就形成了鏈狀分子。當碳的數量為15～20個時，會形成易燃的固體蠟。

在許多分子中，具有由碳相連而成的長鏈或環狀結構。

「鏈狀」分子的代表，是由碳與碳之間以單鍵連接成一長條分子的「脂肪族化合物」（aliphatic compound）。脂肪族化合物中的碳利用2隻手與其他的碳連接，並用剩下的2隻手與氫等其他元素結合。**碳鏈就像是有機物的「骨架」一樣**。

這個碳鏈的性質，會隨著連接的碳數量而改變。當碳的數量為1～4個時，在室溫下為氣體；但當連接的碳數量為15～20個時，則會形成蠟燭的蠟。隨著碳的數量增加，分子會逐漸變得不易燃燒，當連接的碳數量達到數萬至數十萬個時，就形成「聚乙烯」（polyethylene，PE, $(C_2H_4)_nH_2$），也就是塑膠袋的原料。

具有環狀結構的分子代表則是「苯」（C_6H_6）。苯由6個碳互相連接，形成一個環狀結構。

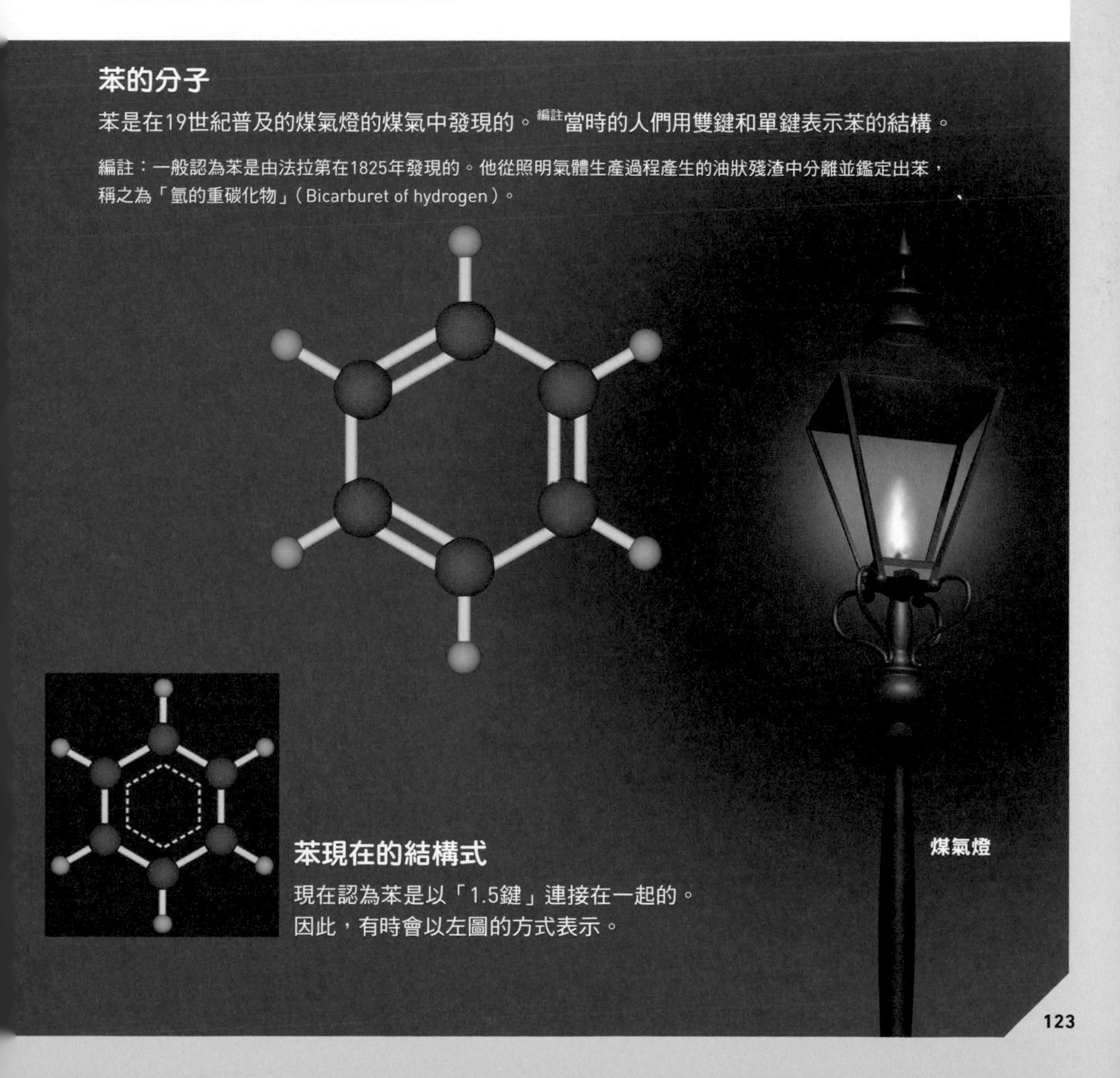

苯的分子

苯是在19世紀普及的煤氣燈的煤氣中發現的。[編註]當時的人們用雙鍵和單鍵表示苯的結構。

編註：一般認為苯是由法拉第在1825年發現的。他從照明氣體生產過程產生的油狀殘渣中分離並鑑定出苯，稱之為「氫的重碳化物」（Bicarburet of hydrogen）。

苯現在的結構式

現在認為苯是以「1.5鍵」連接在一起的。
因此，有時會以左圖的方式表示。

Column

Coffee Break

連接方式不同，就會變成不同的物質

同分異構物的種類

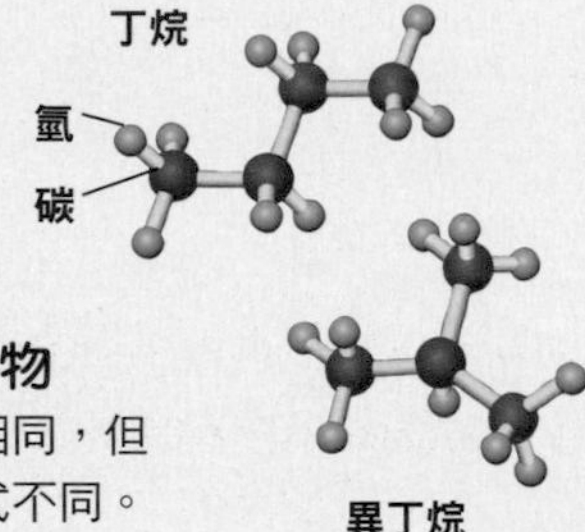

結構異構物

原子數量相同，但是連接方式不同。

立體異構物

原子數量和連接方式都相同，但連接的「方向」不同的分子組合。

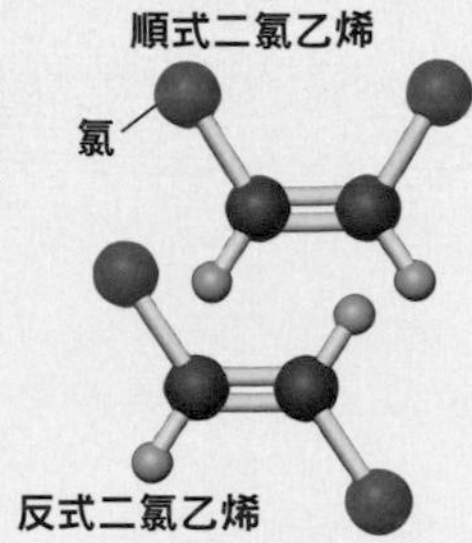

鏡像異構物

與下面的L-麩胺酸和D-麩胺酸一樣，是互為鏡像的關係。

L-麩胺酸和D-麩胺酸

為昆布帶來鮮味的L-麩胺酸（左）和D-麩胺酸（右），兩者之間是鏡像結構（鏡像異構物）。雖然兩者的形狀很相似，但無論怎麼移動都無法將兩者重疊。D-麩胺酸不存在於自然界中，也不帶有鮮味（第96～97頁）。

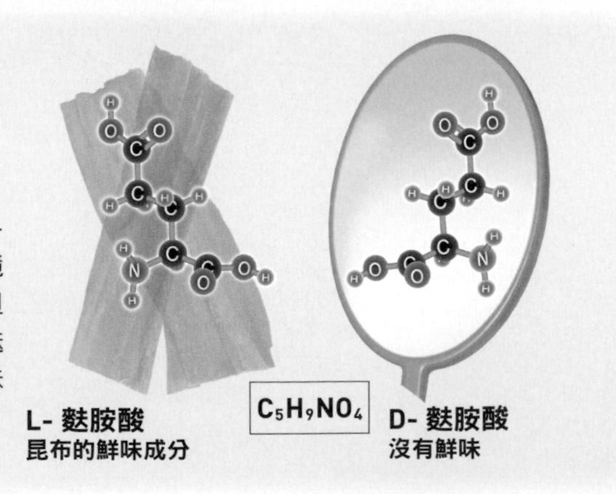

即使原子的種類和數量完全相同，連接方式不同的化合物也會具有不同的特徵。具有這種關係的化合物稱為「同分異構物」。

有機化合物中存在許多同分異構物。這是因為一個碳原子最多可以與 4 個原子連接，可以形成正四面體、三叉、鏈狀等各式各樣的結構。

同分異構物又可以分為「結構異構物」（structural isomer）和「立體異構物」（stereoisomer）。例如在第96～97頁介紹的L-麩胺酸和D-麩胺酸這樣的「鏡像異構物」，就是立體異構物的一種。

葡萄糖和果糖

雖然兩者的化學式相同，但分子的結構不同。

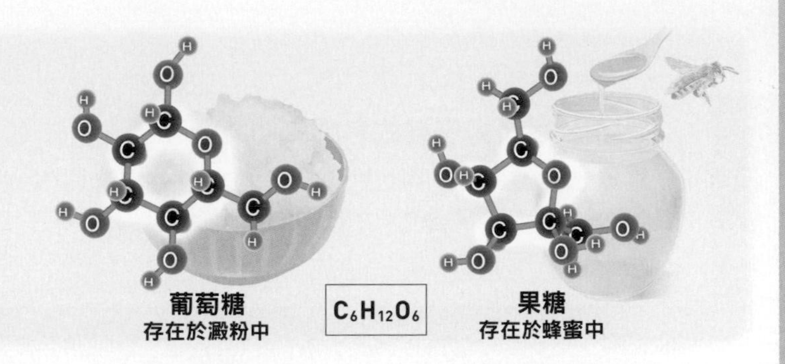

茉莉花和蕈菇的香味

茉莉酮（jasmone）的分子結構中存在雙鍵，根據雙鍵的連接方式，產生不同的同分異構物。

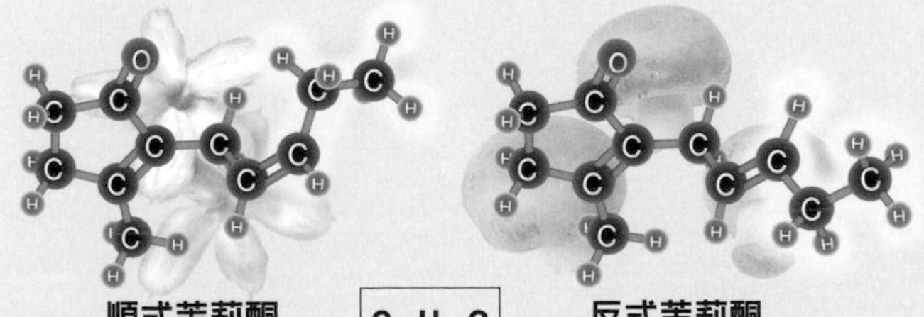

牛至和百里香的香味

分別來自香芹酚（carvacrol）和百里酚（thymol）這兩種有機化合物。這兩種化合物是同分異構物，由於羥基（-OH）的位置不同，香味也不同。

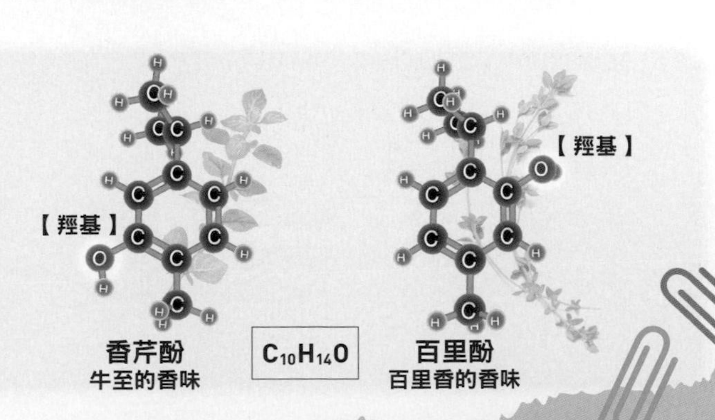

「綴飾」決定有機物的性質

有機化合物分子上附加的「官能基」

「綴飾」賦予分子各式各樣的功能

在碳鏈上添加官能基，可以賦予和原本的有機物完全不同的性質。官能基的各種性質取決於原子與原子之間共價鍵的「極性」。

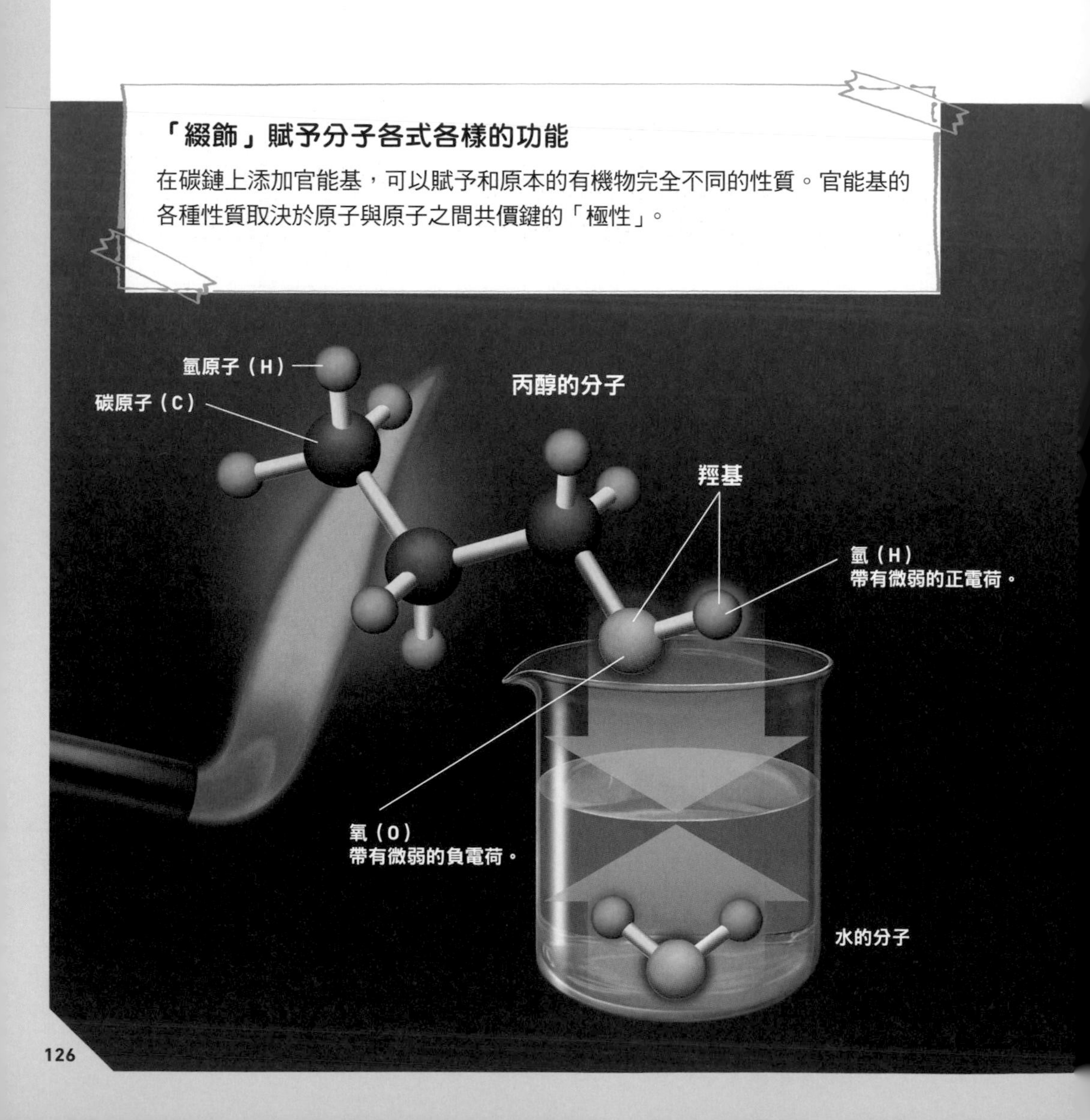

使用於家用瓦斯中的「丙烷」氣體，是由三個碳原子和八個氫原子組成。如果將其中一個氫原子替換為由氧和氫組成的「羥基」這樣的「綴飾」，就會變成液態的「丙醇」。

丙烷不溶於水，但丙醇可以溶於水，這是因為羥基具有與水相似的結構。另一方面，丙醇還保留了良好的可燃性。由此可知，**有機化合物的性質取決於它具有什麼樣的「綴飾」。這些「綴飾」被稱為「官能基」(functional group)，意思是「賦予功能的部分」**。

羥基具有上述的能力，是因為羥基具有「極性」(第80～81頁)。其他的官能基也能透過「極性」產生各式各樣的功能。編註

編註：當官能基比其所附著的原子更具負電性時，官能基將變得具有極性，並促使含有這些官能基的其他非極性分子也變得具有極性，因此在某些水性環境中變得可溶。

八種代表性的官能基

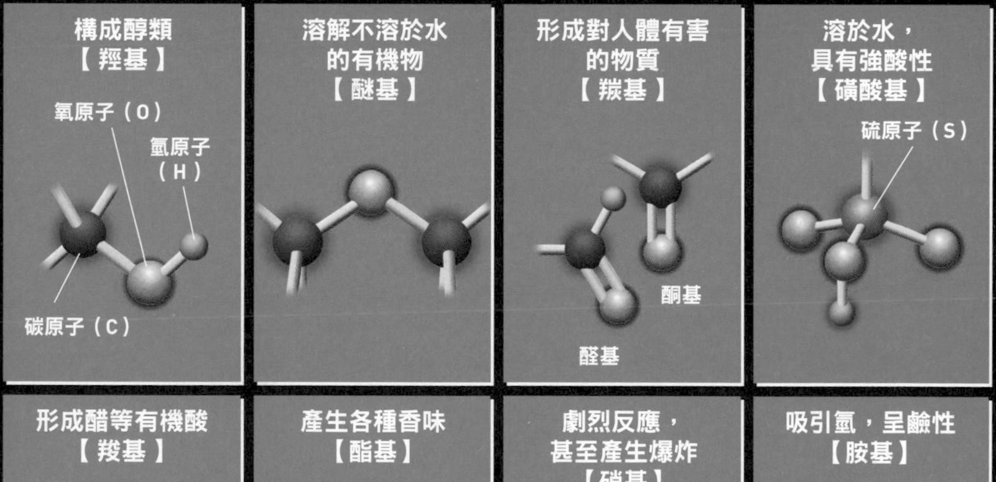

自然界中千變萬化的有機物

分子改變一點點的結構，最後形成完全不同的物質

蜂蜜、馬鈴薯和樹幹都是由相似的分子組成的。蜂蜜中含有一種叫作「葡萄糖※1」的糖分子。葡萄糖之中又存在兩種分子，這兩個分子乍看之下相同，但只有1處羥基的位置不同，彼此為「立體異構物」（第124～125頁）。這種兩個分子具有類似形狀的情形，也存在於馬鈴薯的澱粉和樹幹的纖維中。

構成澱粉的「直鏈澱粉」是由兩種葡萄糖分子中的「α-葡萄糖」形成的長鏈結構。而構成樹幹的「纖維素」則是由「β-葡萄糖」形成的長鏈結構。

直鏈澱粉和纖維素之間的差異，僅僅只是葡萄糖分子結合的方式不同。透過這種方式，**自然界中的微小差異，最終也能產生出各種不同的有機物**。

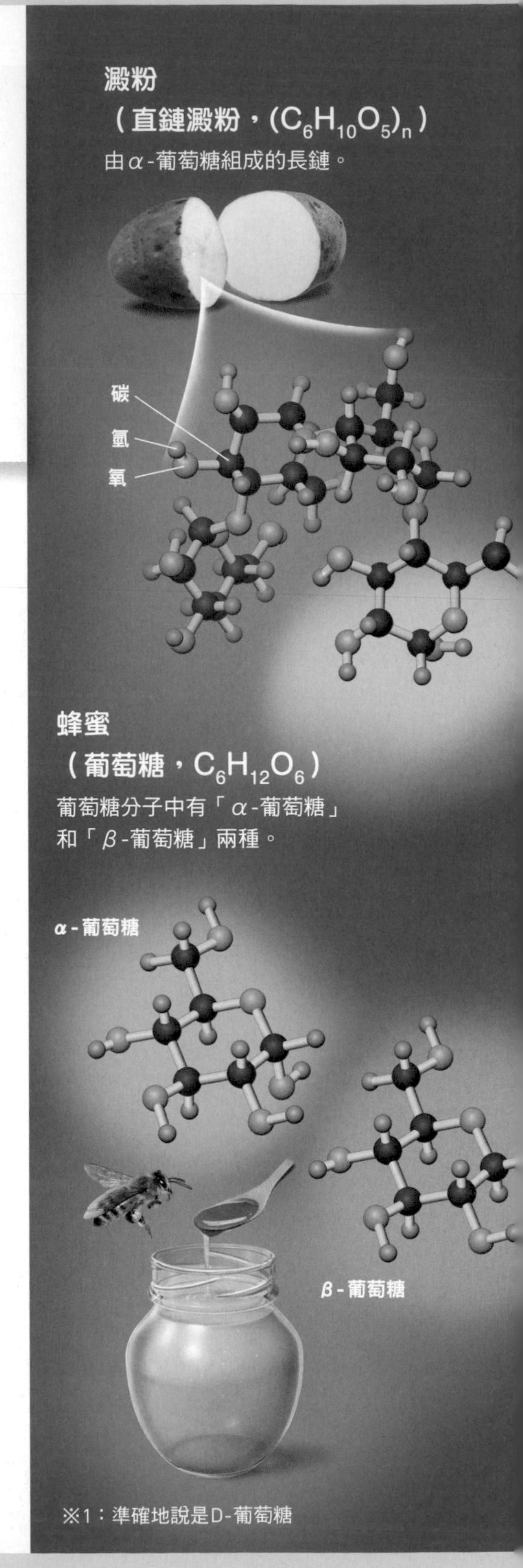

澱粉
（直鏈澱粉，$(C_6H_{10}O_5)_n$）
由α-葡萄糖組成的長鏈。

蜂蜜
（葡萄糖，$C_6H_{12}O_6$）
葡萄糖分子中有「α-葡萄糖」和「β-葡萄糖」兩種。

※1：準確地說是D-葡萄糖

澱粉和樹幹具有類似於蜂蜜的分子

下圖所示為葡萄糖、直鏈澱粉和纖維素的分子結構。直鏈澱粉和纖維素被廣泛地應用在各種物質中。例如，珍珠奶茶中的「珍珠」是一種由特定種類的樹薯加工而成的產品，主要由直鏈澱粉組成。「椰果」是一種以含有大量水分的纖維素為主要成分，並添加風味的產品，因此吃下去之後也不會被消化。

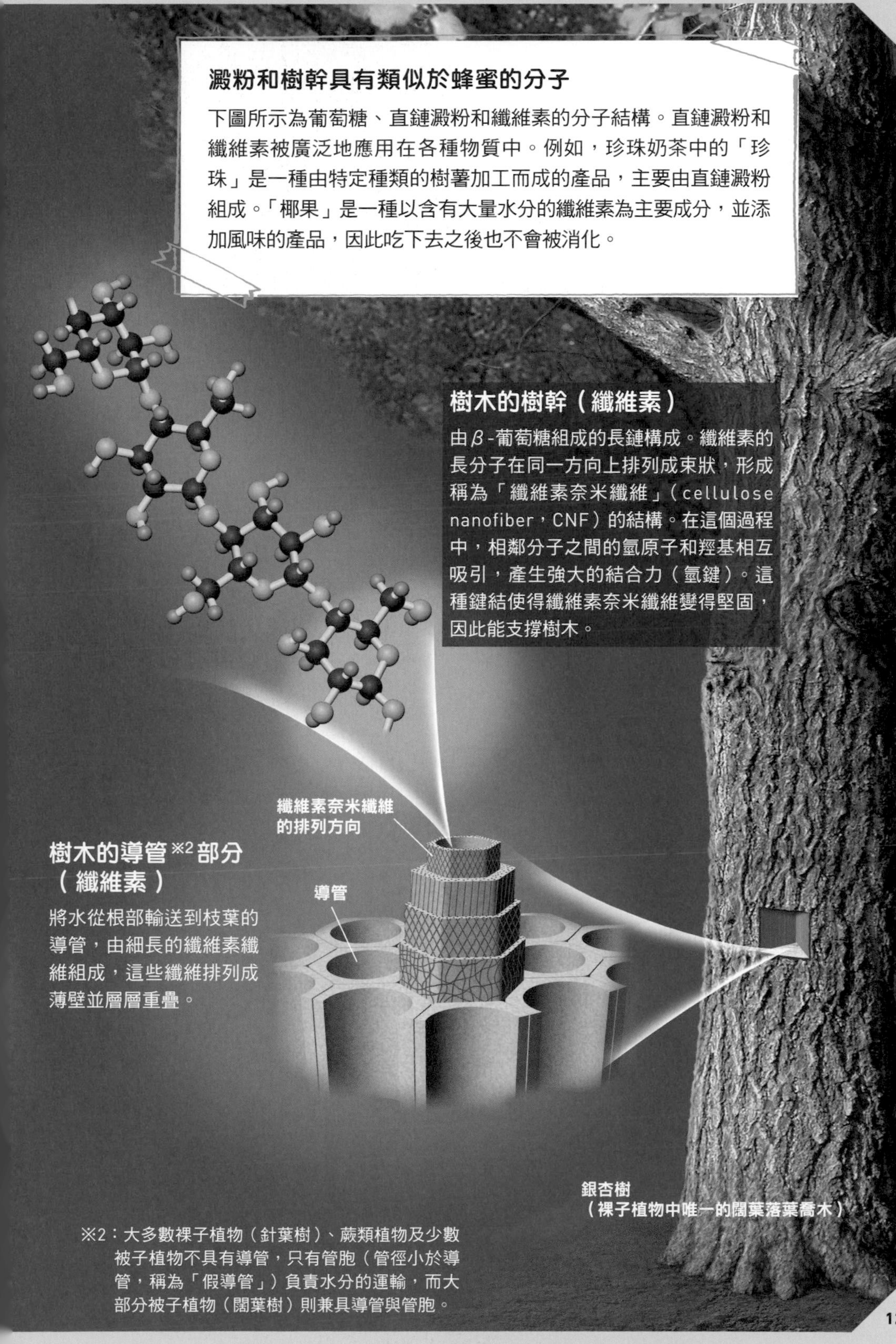

樹木的樹幹（纖維素）

由β-葡萄糖組成的長鏈構成。纖維素的長分子在同一方向上排列成束狀，形成稱為「纖維素奈米纖維」（cellulose nanofiber，CNF）的結構。在這個過程中，相鄰分子之間的氫原子和羥基相互吸引，產生強大的結合力（氫鍵）。這種鍵結使得纖維素奈米纖維變得堅固，因此能支撐樹木。

纖維素奈米纖維的排列方向

導管

樹木的導管※2部分（纖維素）

將水從根部輸送到枝葉的導管，由細長的纖維素纖維組成，這些纖維排列成薄壁並層層重疊。

銀杏樹
（裸子植物中唯一的闊葉落葉喬木）

※2：大多數裸子植物（針葉樹）、蕨類植物及少數被子植物不具有導管，只有管胞（管徑小於導管，稱為「假導管」）負責水分的運輸，而大部分被子植物（闊葉樹）則兼具導管與管胞。

現代社會不可或缺的有機化學

常見的大量人造有機物

這些有機物由分子構成的長鏈組成

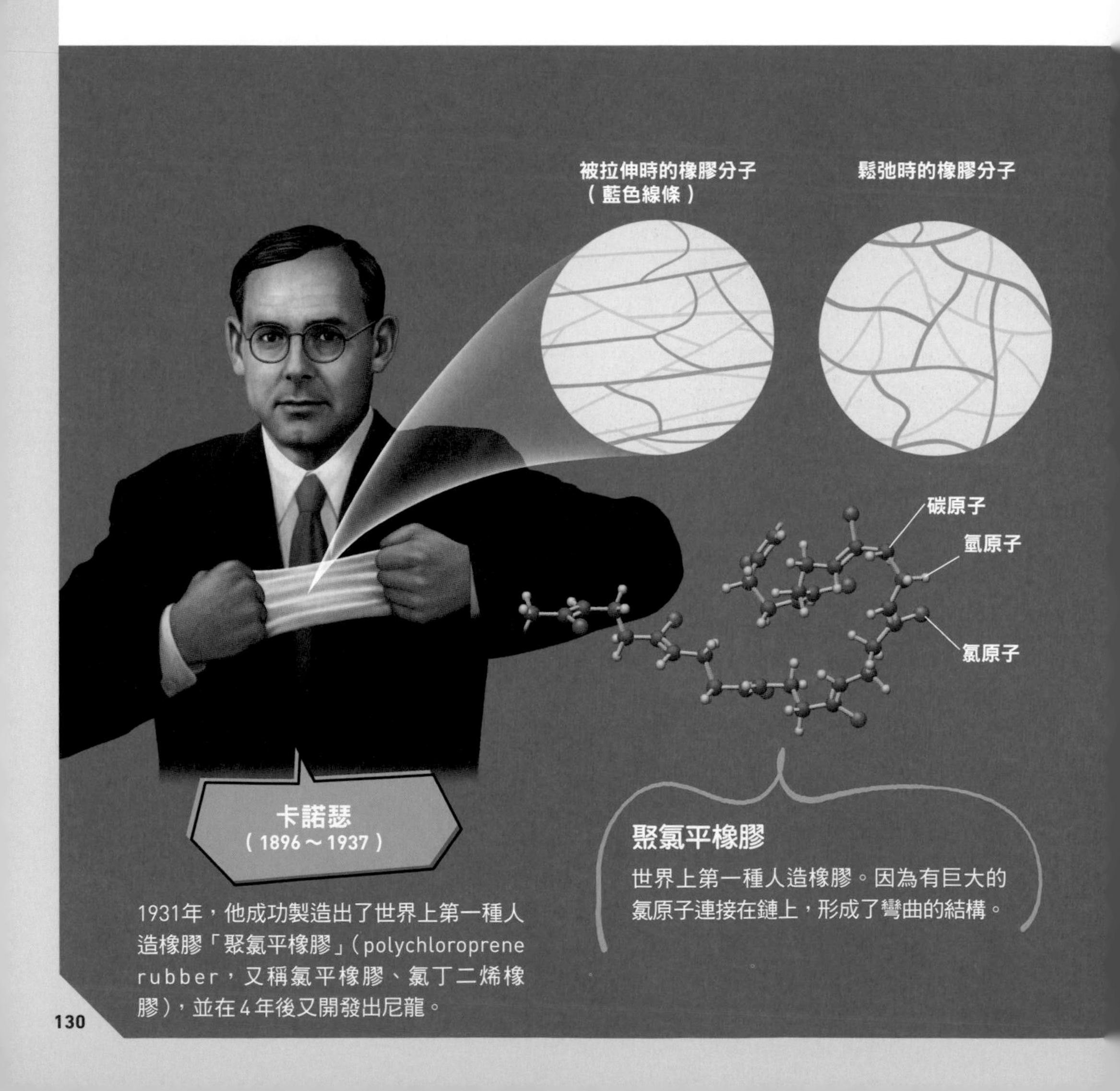

1931年，他成功製造出了世界上第一種人造橡膠「聚氯平橡膠」（polychloroprene rubber，又稱氯平橡膠、氯丁二烯橡膠），並在4年後又開發出尼龍。

世界上第一種人造橡膠。因為有巨大的氯原子連接在鏈上，形成了彎曲的結構。

我們身邊有許多由長鏈狀的分子「聚合物」（又稱為高分子，macromolecule）製成的物品。例如：塑膠袋、寶特瓶、保麗龍，還有「聚酯纖維」和「尼龍」等都是。

聚合物的形成過程，是先製造出小分子，然後將數萬至數十萬個小分子連接在一起，形成長鏈狀的分子。聚合物的英文為polymer，而「poly」意指「許多」，聚合物即是指「由許多分子連接而成的物質」。

聚合物是於20世紀創造出來的人造有機物。然而，許多聚合物在自然界中不易分解，因此一直留在環境中，其原因在於自然界中沒有生物可以分解這些人造物質。

因此近年來，**人們著手開發可在自然界中分解的材料，以及回收再利用的技術**。

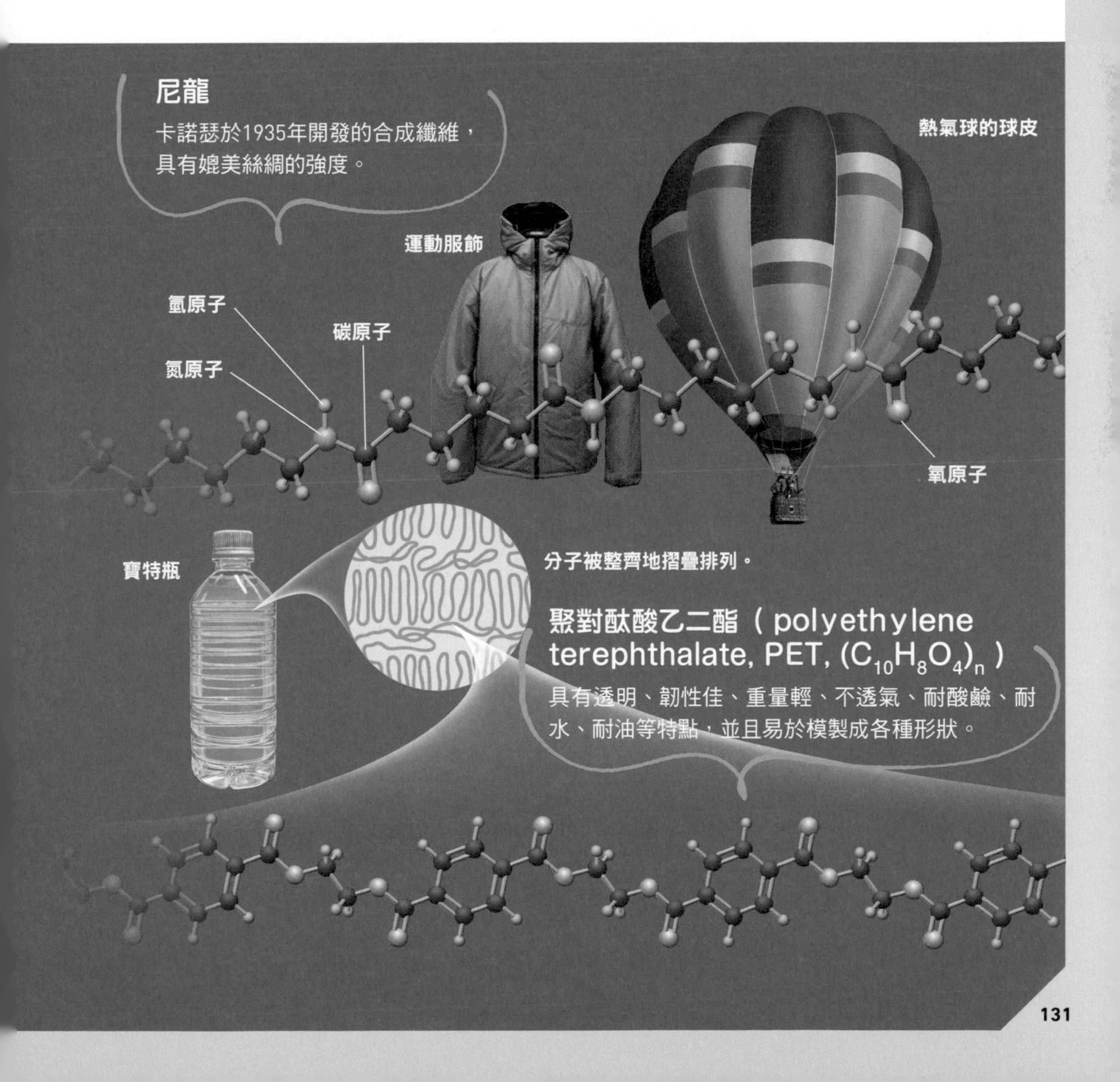

塑膠與合成纖維都是以碳鏈為基礎

常見的有機化合物，都是從石油中製造出來的

以石油為原料，可以製造出各式各樣的有機化合物

下圖所示為從石油（石腦油）原料製造出的各種有機化合物，以及化學反應路徑的範例。

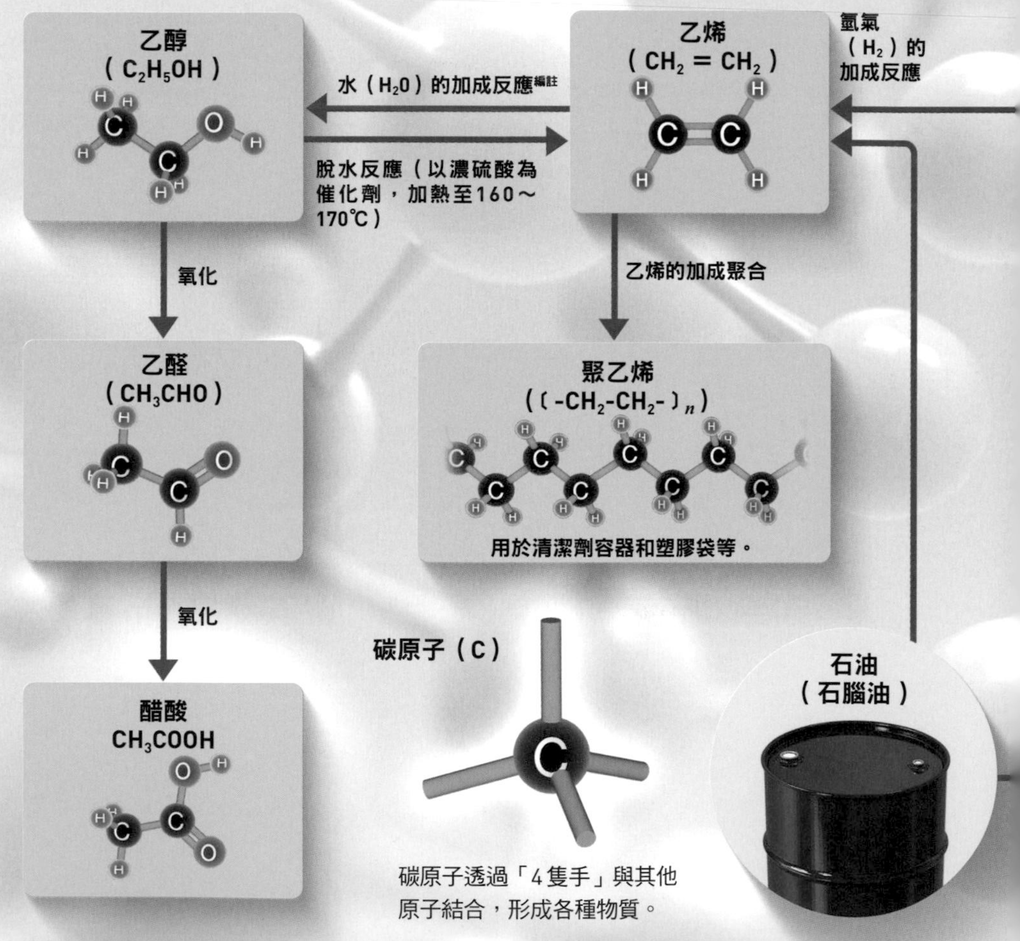

編註：加成反應（addition reaction）發生在具有雙鍵或三鍵的物質中。加成反應進行後，重鍵會打開，兩端的原子各連上一個新的基團。

據說世界上有大約2億種有機化合物。構成有機化合物骨架的碳原子，可以利用「4隻手」形成長鏈狀的有機化合物。此外，還可以形成有分支的碳鏈，或者形成由5個或6個碳原子組成的環狀結構。這麼一來，就產生了各式各樣的有機化合物。

塑膠和合成纖維等有機化合物，都是從石油（原油）中製造出來的。在石油精煉過程中，能分離出類似汽油的液體，稱為「石腦油」（naphtha），並且可從中萃取出「乙烯」和「苯」等有機化合物。再以這些物質為原料進行化學反應，就能製造出各種有機化合物。

例如，用來製作洗髮精容器等的「聚乙烯」，就是透過讓乙烯產生稱為「加成聚合」（addition polymerization）化學反應，使其逐個連接而成。

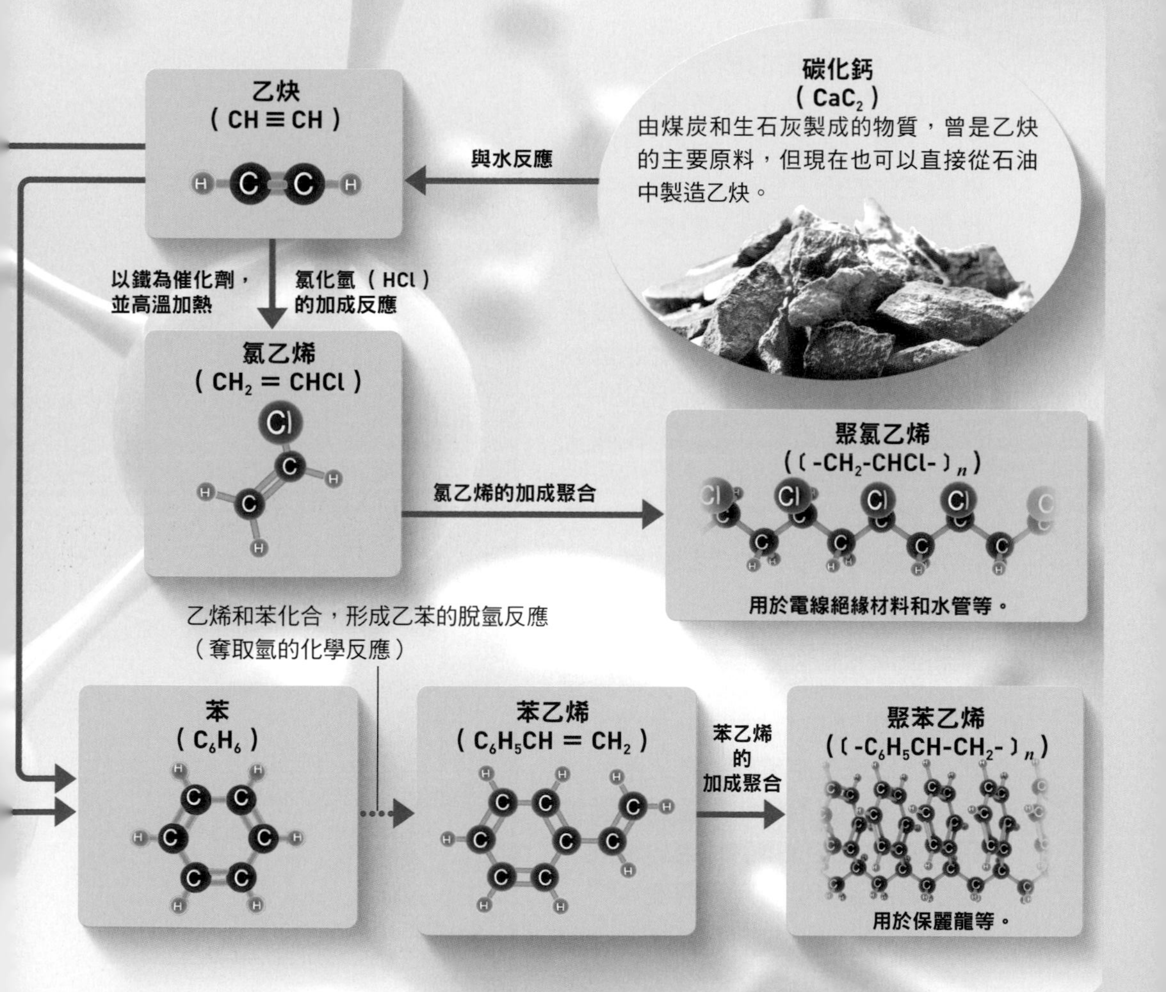

解熱鎮痛藥中的長青樹也來自有機化學

近年來，也有人嘗試在實驗室中從頭開始製造新藥

有機合成化學的成果之一，就是製藥。

例如，從柳樹的樹皮中提取的「柳苷」(salicin)，經分解後產生的「柳酸」(salicylic acid) 具有解熱鎮痛的效果，但也有如胃炎等副作用。拜耳（Bayer）製藥公司的化學家霍夫曼（Felix Hoffman，1868～1946)，成功地在維持鎮痛效果的同時抑制了胃炎。他透過對柳酸進行「乙醯化」(acetylation) 反應，製造出了「乙醯柳酸」(acetylsalicylic acid)。

乙醯柳酸是世界上第一種人工合成的藥物，於1899年以「阿斯匹靈」(aspirin) 的商品名發售。阿斯匹靈是金氏世界紀錄中「全球銷售額最高的解熱鎮痛藥」的紀錄保持者，雖然發售時間已超過120年，仍然廣泛使用於世界各地。

近年來，利用超級電腦從頭開始研發新藥的方法得到快速的發展，並正朝著實用化的方向前進。編註

編註：藉由超級電腦的高速運算能力，模擬藥物分子如何與體內的標靶分子作用，以縮減藥物研發的時間及成本，降低藥害風險。

柳樹

自古以來，柳樹的樹皮被當成鎮痛藥使用。雖然插圖中畫的是垂柳，但柳苷也可以從其他種的柳樹中萃取。

阿斯匹靈※

（乙醯柳酸）

由柳苷（下）改良而成，於1897年問世。由於減輕了柳苷引起的胃腸不適之副作用，因此廣泛地普及於世。至於其鎮痛作用背後的原理，直到最近才被闡明。

柳苷

於1828年從柳樹的樹皮中萃取的鎮痛成分。在19世紀時被作為藥物使用。然而，它具有易引起胃腸不適的副作用。

※：「阿斯匹靈」是拜耳藥品股份有限公司的註冊商標。

現代社會不可或缺的有機化學

次世代能源的「燃料電池」

科技正朝著理想中的氫能社會發展

燃料電池（fuel cell）作為支持減碳社會的次世代能源而備受矚目。

當水通電時，會分解為氫和氧（水的電解）。而燃料電池則將這個反應逆轉，使氫和氧反應，從中提取出電能。雖然名稱中有電池兩個字，但它並不是靠著充電儲存電能的裝置，而是一個能

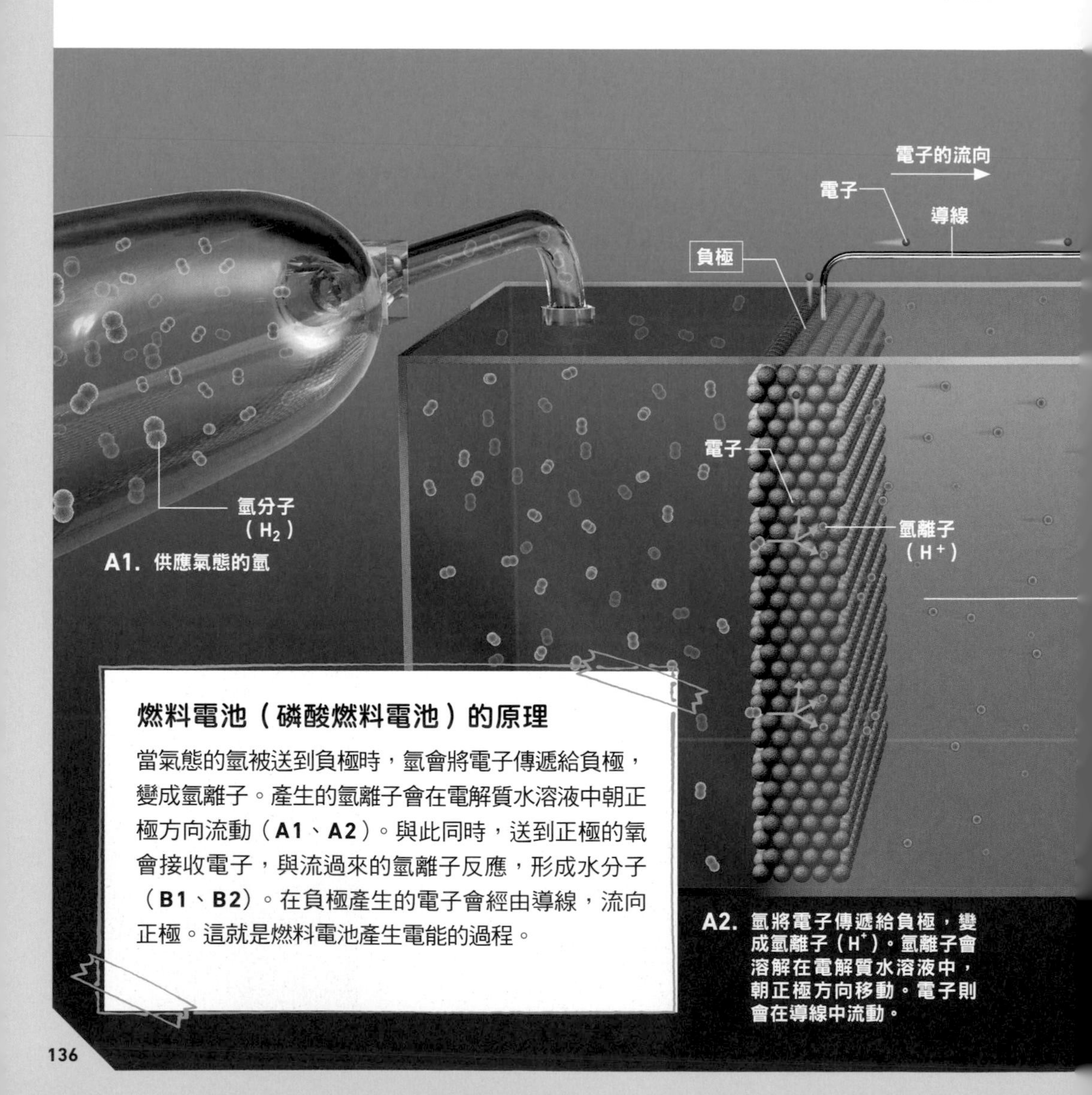

A1. 供應氣態的氫

A2. 氫將電子傳遞給負極，變成氫離子（H^+）。氫離子會溶解在電解質水溶液中，朝正極方向移動。電子則會在導線中流動。

燃料電池（磷酸燃料電池）的原理

當氣態的氫被送到負極時，氫會將電子傳遞給負極，變成氫離子。產生的氫離子會在電解質水溶液中朝正極方向流動（**A1**、**A2**）。與此同時，送到正極的氧會接收電子，與流過來的氫離子反應，形成水分子（**B1**、**B2**）。在負極產生的電子會經由導線，流向正極。這就是燃料電池產生電能的過程。

當場將燃料中的氫燃燒，進而發電的「小型發電廠」。編註

氫可以從甲烷或甲醇等物質中製造出來，而氧則可以從大氣中提取。從氫和氧中產生電能的原理，是由英國的物理學家格羅夫（William Grove，1811～1896）於1839年提出的。

雖然現在仍然存在著催化劑的確保和氫氣供應路線的建立等問題，但理想中的「氫能社會」已經近在眼前。**從今以後，化學也將繼續改變人類的生活**。

編註：燃料電池透過穩定供應氧和燃料來源，即可持續不間斷的提供穩定電力，若以電堆串連，甚至能成為發電量百萬瓦(MW)級的發電廠。燃料電池的能量效率通常為40%～60%；如果廢熱被捕獲使用，其熱電聯產的能量效率可高達85%。

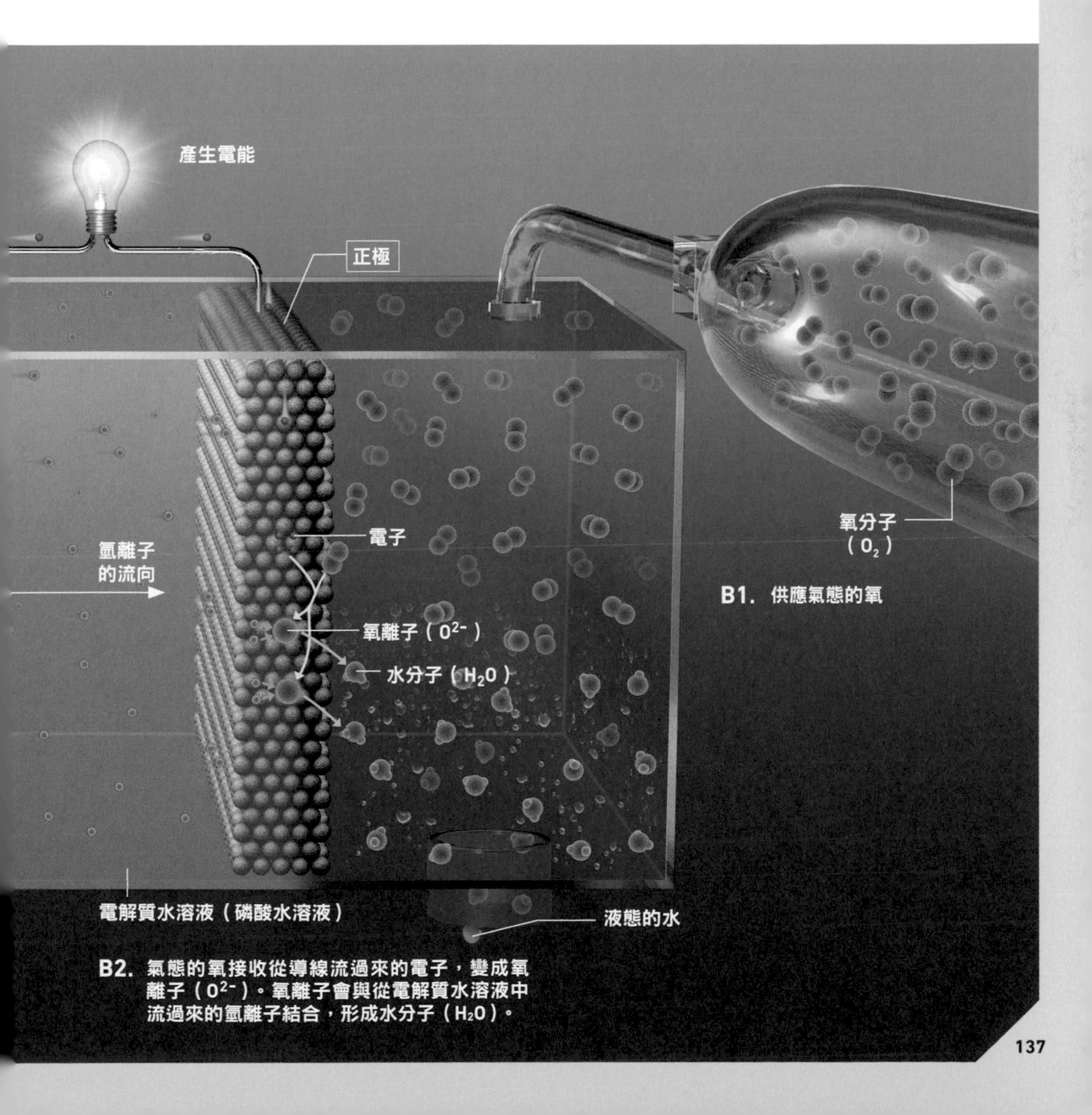

B1. 供應氣態的氧

B2. 氣態的氧接收從導線流過來的電子，變成氧離子（O^{2-}）。氧離子會與從電解質水溶液中流過來的氫離子結合，形成水分子（H_2O）。

現代社會不可或缺的有機化學

有機化學正邁向新時代

「超分子」化學的發展備受期待

進入20世紀之後，有機化學開始被廣泛地應用於各個領域。

與此同時，塑膠垃圾的大量產生，以及含有同分異構物的藥物對人體產生危害等問題[編註]不斷發生。針對垃圾問題，目前人們已經提出如開發能被微生物分解的「生物可分解塑膠」，以及廣泛普及回收技術等對策。而對於藥

有機化學於20世紀得到廣泛應用

經過了20世紀，有機化學進入了醫藥品、石油產品、電子產品等領域。下面將介紹其中的一些例子。

DNA

DNA作為生命的設計藍圖，其結構被證實是一個巨大的「高分子」。這使我們能透過比較基因差異來研究藥物的效果。

醫藥品

現在能在實驗室中直接合成出具有藥效的分子。這使我們能向更多人提供藥物。

碳原子

包含碳等原子的基本結構，由波耳於1913年提出。

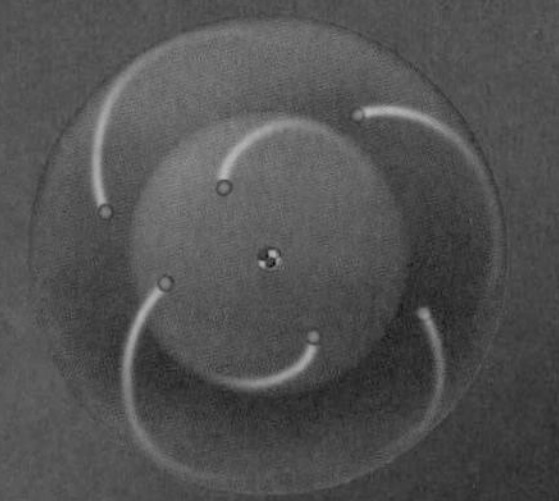

石油化學工業

大量合成有機物的技術已經得到確立；然而，廢棄之後仍無法被分解的有機垃圾卻成為棘手的問題。目前回收技術已經普及，可以將這些廢棄物轉化為燃料和塑膠材料。右圖是能將石油分離成不同物質的蒸餾塔。

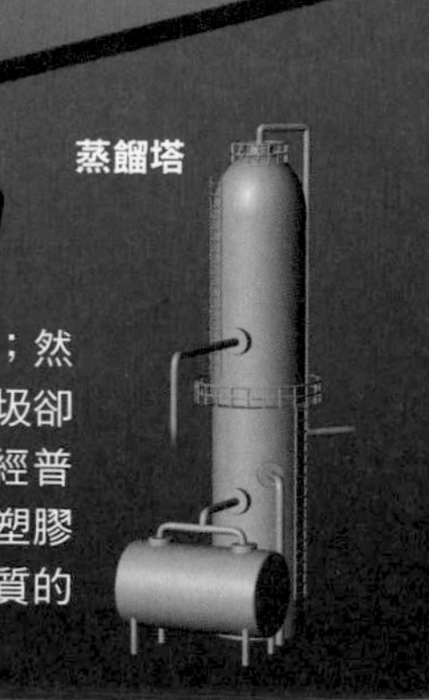

物，將不同的同分異構物分開來製造的方法也是科學界目前的研究課題。

此外，**近年來，人們已經能使用電腦分析分子的結構，對設計出的分子的性質做出預測，並實際將其合成出來**。另外，將多個人造分子組合在一起形成「超分子」（supermolecule）的化學領域，也正受到世間的關注。這種化學技術具有許多潛在應用，比如能捕捉特定分子的感測器，以及能將微量藥物包裹起來運送到患部的膠囊等。

編註：1960年代的沙利竇邁（thalidomide）具有鎮靜與安眠作用，能減緩懷孕初期婦女的不適症狀，後來卻因造成婦女生下畸形胎兒而遭禁用。因為原先該藥品是以異構物的混合物形式使用，其中R型沙利竇邁具有鎮靜作用，但S型沙利竇邁卻會導致基因突變。

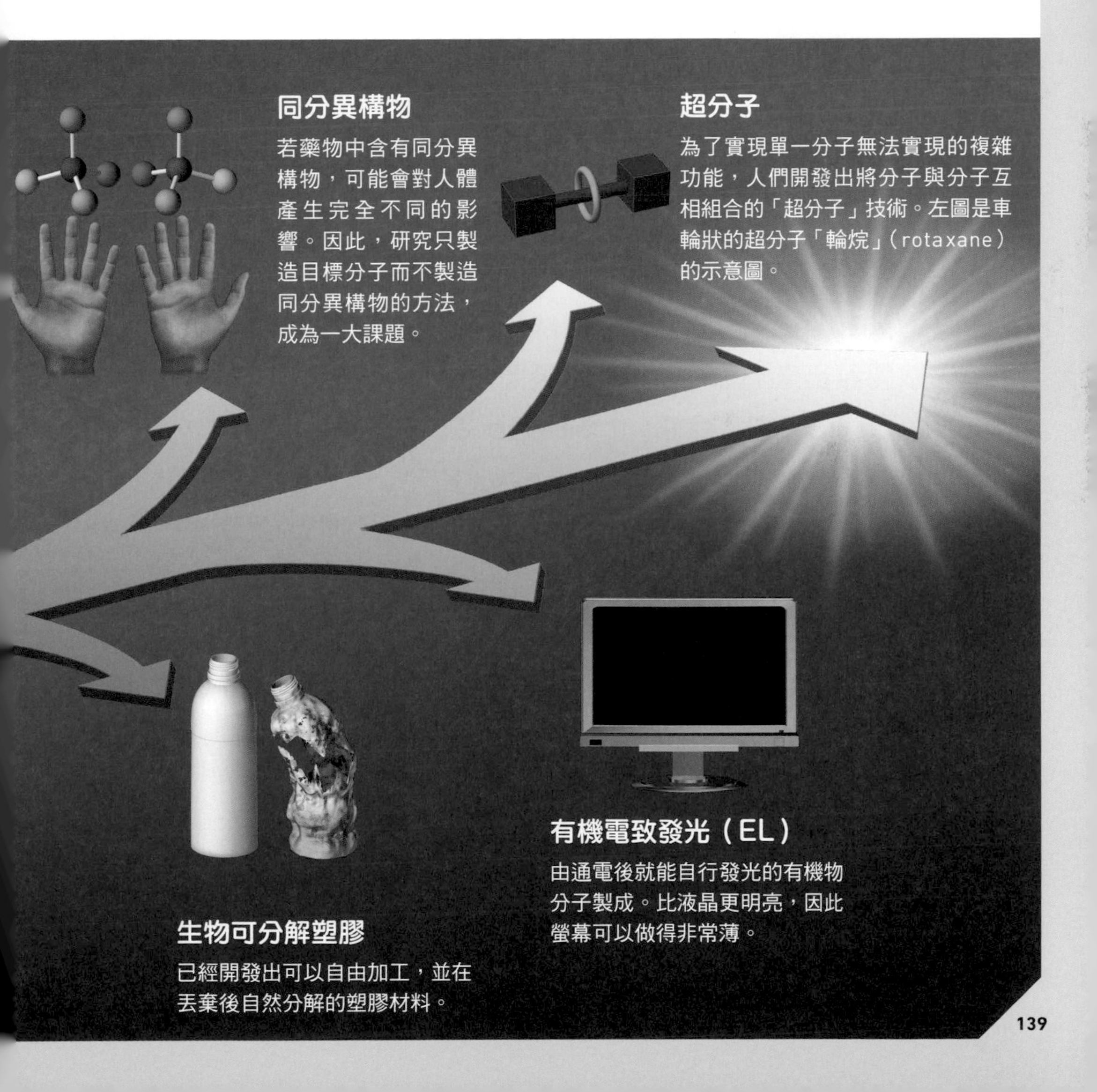

同分異構物

若藥物中含有同分異構物，可能會對人體產生完全不同的影響。因此，研究只製造目標分子而不製造同分異構物的方法，成為一大課題。

超分子

為了實現單一分子無法實現的複雜功能，人們開發出將分子與分子互相組合的「超分子」技術。左圖是車輪狀的超分子「輪烷」（rotaxane）的示意圖。

有機電致發光（EL）

由通電後就能自行發光的有機物分子製成。比液晶更明亮，因此螢幕可以做得非常薄。

生物可分解塑膠

已經開發出可以自由加工，並在丟棄後自然分解的塑膠材料。

結語

到這裡「化學」一書便告一段落。大家覺得如何呢？即使之前覺得「與化學無緣」的人，現在應該明白自己的生活是如何依賴化學了吧！

世界上存在的一切事物，都建立於原子之間的複雜組合。化學反應是透過改變「原子的排列方式」而發生的。然而，早在原子結構被揭示之前，許多化學家已經針對物質的性質和化學反應的機制進行研究，推動了文明的發展。

進入20世紀後，各種人造有機化合物被創造出來，便利的材料也被開發出來。但隨之而來垃圾問題，使我們需要開發能在自然界中分解的有機化合物。化學的進步是永不停歇的。

從今以後，化學勢必也將持續進步，並改變我們的生活。

《新觀念伽利略－化學》「十二年國教課綱自然科學領域學習內容架構表」

第一碼：高中（國中不分科）科目代碼B（生物）、C（化學）、E（地科）、P（物理）＋主題代碼（A～N）＋次主題代碼（a～f）。

主題	次主題
物質的組成與特性（A）	能量的形式與轉換（a）、溫度與熱量（b）、生物體內的能量與代謝（c）、生態系中能量的流動與轉換（d）
能量的形式、轉換及流動（B）	能量的形式與轉換（a）、溫度與熱量（b）、生物體內的能量與代謝（c）、生態系中能量的流動與轉換（d）
物質的結構與功能（C）	物質的分離與鑑定（a）、物質的結構與功能（b）
生物體的構造與功能（D）	細胞的構造與功能（a）、動植物體的構造與功能（b）、生物體內的恆定性與調節（c）
物質系統（E）	自然界的尺度與單位（a）、力與運動（b）、氣體（c）、宇宙與天體（d）
地球環境（F）	組成地球的物質（a）、地球與太空（b）、生物圈的組成（c）
演化與延續（G）	生殖與遺傳（a）、演化（b）、生物多樣性（c）
地球的歷史（H）	地球的起源與演變（a）、地層與化石（b）
變動的地球（I）	地表與地殼的變動（a）、天氣與氣候變化（b）、海水的運動（c）、晝夜與季節（d）
物質的反應、平衡及製造（J）	物質反應規律（a）、水溶液中的變化（b）、氧化與還原反應（c）、酸鹼反應（d）、化學反應速率與平衡（e）、有機化合物的性質、製備及反應（f）
物自然界的現象與交互作用（K）	波動、光及聲音（a）、萬有引力（b）、電磁現象（c）、量子現象（d）、基本交互作用（e）
生物與環境（L）	生物間的交互作用（a）、生物與環境的交互作用（b）
科學、科技、社會及人文（M）	科學、技術及社會的互動關係（a）、科學發展的歷史（b）、科學在生活中的應用（c）、天然災害與防治（d）、環境汙染與防治（e）
資源與永續發展（N）	永續發展與資源的利用（a）、氣候變遷之影響與調適（b）、能源的開發與利用（c）

第二碼：學習階段以羅馬數字表示，I（國小1-2年級）；II（國小3-4年級）；III（國小5-6年級）；IV（國中）；V（Vc高中必修，Va高中選修）。

第三碼：學習內容的阿拉伯數字流水號。

頁碼	單元名稱	階段/科目	十二年國教課綱自然科學領域學習內容架構表
010	貼近生活且不可或缺的「化學」	國中/理化	Ab-IV-3 物質的物理性質與化學性質。
		高中/化學	CMb-Va-1 化學發展史上的重要事件、相關理論發展。
012	文明隨著用火而興起	國中/理化	INa-IV-2 能量之間可以轉換。
		高中/化學	CBa-Va-1 化學能與其他形式能量之間的轉換。
014	「在生魚上抹鹽」不只是為了調味	國中/理化	Je-IV-3 化學平衡及溫度、濃度如何影響化學平衡的因素。
		高中/化學	CJb-Va-3 離子之分離。
016	「濃郁的香氣」也是化學的產物	高中/化學	CMc-Va-4 常見非金屬與重要的化合物之製備、性質及用途。 CJf-Va-2 有機化合物的命名、結構及其用途—酚。
018	用肥皂洗手能有效「對抗冠狀病毒」的原因	國中/理化	Jb-IV-3 不同的離子在水溶液中可能會發生沉澱、酸鹼中和及氧化還原等反應。
		高中/化學	CJf-Vc-2 常見的界面活性劑包括肥皂與清潔劑，其組成包含親油性的一端和親水性的一端。 CJf-Vc-3 界面活性劑的性質與應用。
020	為什麼冰箱和冷氣機會製冷呢？	國中/理化	Je-IV-3 溫度如何影響化學平衡的因素。
		高中/化學	CBa-Vc-1 化學反應發生後，產物的能量總和較反應物低者，為放熱反應；反之，則為吸熱反應。 CMe-Vc-3 臭氧層破洞的成因、影響及防治方法。 CBa-Va-2 影響反應熱的因素包括：溫度、壓力、反應物的量及狀態。
022	使骯髒空氣變乾淨的「光觸媒」	國中/理化	Me-IV-3 空氣品質與空氣汙染的種類、來源及一般防治方法。
		高中/化學	CJe-Va-4 催化劑的性質及其應用。
024	智慧型手機內藏著許多寶藏	國中/理化	Na-IV-4 資源使用的5R：減量、拒絕、重複使用、回收及再生。
		高中/化學	CMc-Vc-3 化學在先進科技發展的應用。 CNa-Va-3 廢棄物的創新利用與再製作。
026	「玻璃」是凝固的液體？	國中/理化	Ab-IV-1 物質的粒子模型與物質三態。 Ab-IV-2 溫度會影響物質的狀態。
		高中/化學	CMc-Va-4 常見非金屬與重要的化合物之製備、性質及用途。 CJf-Va-4 常見聚合物的一般性質。 CJf-Va-5 常見聚合物的結構與製備。
028	大量的分子在廚房裡相遇和分離	國中/理化	Aa-IV-2 原子量與分子量是原子、分子之間的相對質量。 INc-IV-2 對應不同尺度，各有適用的單位，尺度大小可以使用科學記號來表達。
		高中/化學	CJa-Vc-3 莫耳與簡單的化學計量。
030	來挑戰莫耳的計算吧！	國中/理化	Aa-IV-2 原子量與分子量是原子、分子之間的相對質量。
		高中/化學	CJa-Vc-3 莫耳與簡單的化學計量。
036	一切都是由「原子」組成的	國中/理化	INc-IV-5 原子與分子是組成生命世界與物質世界的微觀尺度。
		高中/化學	CAa-Va-5 元素的電子組態和性質息息相關。
038	一窺原子的「內部」	國中/理化	Aa-IV-1 原子模型的發展。
		高中/化學	CAa-Va-1 原子的結構是原子核在中間，電子會存在於不同能階。

040	原子中的「電子」分散在不同的層	國中/理化	Aa-Ⅳ-1 原子模型的發展。
		高中/化學	CAa-Va-1 原子的結構是原子核在中間，電子會存在於不同能階。 CAa-Va-4 原子的電子組態的填入規則。 CAa-Va-5 元素的電子組態和性質息息相關。
042	現代科學所揭示的原子樣貌	國中/理化	Aa-Ⅳ-1 原子模型的發展。
		高中/化學	CAa-Va-1 原子的結構是原子核在中間，電子會存在於不同能階。
044	「週期表」是化學的導覽圖	國中/理化	Aa-Ⅳ-4 元素的性質有規律性和週期性。 Mb-Ⅳ-2 科學史上重要發現的過程。
		高中/化學	CAa-Vc-3 元素依原子序大小順序，有規律的排列在週期表上。 CAa-Va-5 元素的電子組態和性質息息相關，且可在週期表呈現出其週期性變化。 CAb-Va-4 週期表中的分類。
046	以紙牌遊戲為靈感製作週期表	國中/理化	Mb-Ⅳ-2 科學史上重要發現的過程。
		高中/化學	CMb-Va-1 化學發展史上的重要事件、相關理論發展及科學家的研究事蹟。
048	元素的性質是如何決定的？	國中/理化	Aa-Ⅳ-4 元素的性質有規律性和週期性。
		高中/化學	CAa-Va-5 元素的電子組態和性質息息相關，且可在週期表呈現出其週期性變化。 CAb-Va-4 週期表中的分類。
050	縱向直行的元素具有相似的特性	國中/理化	Aa-Ⅳ-4 元素的性質有規律性和週期性。
		高中/化學	CAa-Va-5 元素的電子組態和性質息息相關，且可在週期表呈現出其週期性變化。
052	同一元素中存在不同重量的原子	國中/理化	Aa-Ⅳ-2 原子量與分子量是原子、分子之間的相對質量。
		高中/化學	CAa-Vc-3 元素依原子序大小順序，有規律的排列在週期表上。 CAa-Vc-4 同位素。
054	原子透過電子的進出而變成「離子」	高中/化學	CAa-Va-4 原子的電子組態的填入規則。 CAa-Va-5 元素的電子組態和性質息息相關，且可在週期表呈現出其週期性變化。 CJb-Va-3 離子之分離。
056	化學研究的累積促成「離子」的發現	國中/理化	Jb-Ⅳ-2 電解質在水溶液中會解離出陰離子和陽離子而導電。 Jc-Ⅳ-5 鋅銅電池實驗認識電池原理。 Mb-Ⅳ-2 科學史上重要發現的過程。
		高中/化學	CJb-Va-3 離子之分離。
058	與水產生激烈反應的「鹼金屬」	國中/理化	Aa-Ⅳ-4 元素的性質有規律性和週期性。
		高中/化學	CAa-Va-4 原子的電子組態的填入規則。 CAb-Va-4 週期表中的分類。
060	為夜空上色的金屬元素們	國中/理化	Jc-Ⅳ-3 不同金屬元素燃燒實驗認識元素對氧氣的活性。
062	碳和矽都具有「4隻手」	高中/化學	CMc-Vc-3 化學在先進科技發展的應用。 CCb-Vc-2 化學鍵的特性會影響物質的結構，並決定其功能。
064	跟誰都不易反應的「惰性氣體」	高中/化學	CAa-Va-5 元素的電子組態和性質息息相關。
066	「金屬」能傳導電流與變形的祕密	高中/化學	CAa-Va-5 元素的電子組態和性質息息相關。
068	高科技產品不可或缺的「稀土元素」	高中/化學	CAa-Va-4 原子的電子組態的填入規則。 CAa-Va-5 元素的電子組態和性質息息相關。 CAb-Va-4 週期表中的分類。 CMc-Vc-3 化學在先進科技發展的應用。
078	原子相互連接的三種模式	高中/化學	CCb-Vc-1 原子之間會以不同方式形成不同的化學鍵結。 CCb-Vc-2 化學鍵的特性會影響物質的結構，並決定其功能。 CCb-Va-2 混成軌域與價鍵理論：原子結合的方式與原理。
080	將分子結合在一起的「氫鍵」	高中/化學	CCb-Vc-2 化學鍵的特性會影響物質的結構，並決定其功能。 CCb-Va-4 分子形狀、結構、極性及分子間作用力。
082	分子排列整齊、規律的「晶體」	國中/理化	Cb-Ⅳ-2 元素會因原子排列方式不同而有不同的特性。
		高中/化學	CCb-Vc-2 化學鍵的特性會影響物質的結構，並決定其功能。
084	物質從氣體變成液體，再變成固體	國中/理化	Ab-Ⅳ-1 物質的粒子模型與物質三態。 Ab-Ⅳ-2 溫度會影響物質的狀態。
086	溫度和壓力可以改變物質的狀態	國中/理化	Ab-Ⅳ-2 溫度會影響物質的狀態。
		高中/化學	CAb-Vc-1 物質的三相圖。 CJb-Va-2 溫度與壓力對氣體溶解度的影響。
088	這是碳，那也是碳	國中/理化	Cb-Ⅳ-2 元素會因原子排列方式不同而有不同的特性。 Ma-Ⅳ-3 不同的材料對生活及社會的影響。 Mc-Ⅳ-4 常見人造材料的特性、簡單的製造過程及在生活上的應用。
		高中/化學	CCb-Vc-1 原子之間會以不同方式形成不同的化學鍵結。 CCb-Vc-2 化學鍵的特性會影響物質的結構，並決定其功能。 CMc-Vc-3 化學在先進科技發展的應用。
090	「化學反應」是原子的排列變化	國中/理化	Ja-Ⅳ-2 化學反應是原子重新排列。 Je-Ⅳ-1 認識化學反應速率及影響反應速率的因素，例如：溫度、催化劑。
		高中/化學	CJa-Va-1 化學反應牽涉原子間的重組。
092	什麼是「可溶於水」？	國中/理化	Jb-Ⅳ-1 由水溶液導電的實驗認識電解質與非電解質。 Jb-Ⅳ-2 電解質在水溶液中會解離出陰離子和陽離子而導電。
		高中/化學	CJb-Va-3 離子之分離。
094	物質溶解於水中，使水不易結凍	高中/化學	CJb-Va-5 非揮發性物質溶於水，使得沸點上升、凝固點下降。

096	帶有「鮮味」的物質，照鏡子後鮮味就不見了？	國中/理化	Cb-IV-3 分子式相同會因原子排列方式不同而形成不同的物質。
		高中/化學	CCb-Va-1 同分異構物的結構與功能。
098	檸檬的酸味來自所含的「酸」	國中/理化	Jd-IV-2 酸鹼強度與pH值的關係。 Jd-IV-4 水溶液中氫離子與氫氧根離子的關係。
		高中/化學	CJb-Vc-1 溶液的種類與特性。 CJd-Vc-2 物質溶於水中，可解離出H^+為酸；可解離出OH^-為鹼。
100	用中和反應來製作碳酸水	國中/理化	Jb-IV-3 不同的離子在水溶液中可能會發生酸鹼中和等反應。 Jd-IV-4 水溶液中氫離子與氫氧根離子的關係。 Jd-IV-6 認識酸與鹼中和生成鹽和水。
102	標示「危險！請勿混用」的清潔劑，為何混用會有危險？	國中/理化	Jd-IV-5 酸、鹼、鹽類在日常生活中的應用與危險性。
104	「從空氣中製作麵包」的兩位化學家	高中/化學	CMb-Vc-1 近代化學科學的發展，以及不同性別、背景、族群者於其中的貢獻。 CJe-Va-4 催化劑與酵素的性質及其應用。 CMb-Va-1 化學發展史上的重要事件、相關理論發展及科學家的研究事蹟。 CNa-Va-4 氮循環。
106	蠟燭燃燒的原理	國中/理化	Jc-IV-2 物質燃燒實驗認識氧化。
110	製鐵是大規模的「還原反應」	國中/理化	Jc-IV-1 氧化與還原的狹義定義為：物質得到氧稱為氧化反應；失去氧稱為還原反應。
		高中/化學	CJc-Vc-1 氧化還原的廣義定義為：物質失去電子稱為氧化反應；得到電子稱為還原反應。
116	在生命體外也能製造「有機物」	國中/理化	Jf-IV-1 有機化合物與無機化合物的重要特徵。
		高中/化學	CJf-Va-1 有機化合物組成。
118	在有機化學裡，碳是主角	國中/理化	Jf-IV-1 有機化合物的重要特徵。
		高中/化學	CJf-Va-1 有機化合物組成。
120	從週期表看碳的「優勢」	國中/理化	Aa-IV-4 元素的性質有規律性和週期性。
		高中/化學	CAa-Va-4 原子的電子組態的填入規則。 CAa-Va-5 元素的電子組態和性質息息相關，且可在週期表呈現出其週期性變化。 CCb-Va-2 混成軌域與價鍵理論：原子結合的方式與原理。
122	有機物的形狀取決於碳的連接方式	高中/化學	CCb-Vc-1 原子之間會以不同方式形成不同的化學鍵結。 CCb-Vc-2 化學鍵的特性會影響物質的結構，並決定其功能。
124	連接方式不同，就會變成不同的物質	國中/理化	Cb-IV-3 分子式相同會因原子排列方式不同而形成不同的物質。
		高中/化學	CCb-Vc-1 原子之間會以不同方式形成不同的化學鍵結。 CCb-Vc-2 化學鍵的特性會影響物質的結構，並決定其功能。 CCb-Va-1 同分異構物的結構與功能。
126	「綴飾」決定有機物的性質	國中/理化	Jf-IV-1 有機化合物的重要特徵。
		高中/化學	CCb-Va-4 分子形狀、結構、極性及分子間作用力。 CJf-Va-1 有機化合物組成。 CAb-Va-2 不同的官能基會影響有機化合物的性質。
128	自然界中千變萬化的有機物	國中/理化	Cb-IV-3 分子式相同會因原子排列方式不同而形成不同的物質。
		高中/化學	CCb-Vc-2 化學鍵的特性會影響物質的結構，並決定其功能。 CCb-Va-1 同分異構物的結構與功能。
130	常見的大量人造有機物	國中/理化	Jf-IV-4 常見的塑膠。 Mc-IV-4 常見人造材料的特性、簡單的製造過程及在生活上的應用。 Na-IV-4 資源使用的5R：減量、拒絕、重複使用、回收及再生。 Na-IV-5 各種廢棄物對環境的影響，環境的承載能力與處理方法。
		高中/化學	CMc-Va-5 生活中常見之合成纖維、合成塑膠及合成橡膠之性質與應用。 CJf-Va-4 常見聚合物的一般性質與分類。CJf-Va-5 常見聚合物的結構與製備。
132	塑膠與合成纖維都是以碳鏈為基礎	國中/理化	Mc-IV-4 常見人造材料的特性、簡單的製造過程及在生活上的應用。
		高中/化學	CMc-Va-5 生活中常見之合成纖維、合成塑膠及合成橡膠之性質與應用。 CJf-Va-4 常見聚合物的一般性質與分類。 CJf-Va-5 常見聚合物的結構與製備。
134	解熱鎮痛藥中的長青樹也來自有機化學	國中/理化	Mb-IV-2 科學史上重要發現的過程，以及不同性別、背景、族群者於其中的貢獻。
		高中/化學	CMb-Vc-1 近代化學科學的發展，以及不同性別、背景、族群者於其中的貢獻。 CMc-Vc-2 生活中常見的藥品。
136	次世代能源的「燃料電池」	國中/理化	Jb-IV-2 電解質在水溶液中會解離出陰離子和陽離子而導電。 Je-IV-2 可逆反應。 Ma-IV-4 各種發電方式與新興的能源科技對社會、經濟、環境及生態的影響。 INa-IV-3 科學的發現與新能源，及其對生活與社會的影響。 INa-IV-5 能源開發、利用及永續性。
		高中/化學	CNc-Vc-1 新興能源與替代能源。 CJc-Va-3 氧化還原反應平衡。 CMa-Va-1 從化學的主要發展方向和產業成果，建立綠色化學與永續發展的概念。
138	有機化學正邁向新時代	國中/理化	Na-IV-4 資源使用的5R：減量、拒絕、重複使用、回收及再生。 Na-IV-5 各種廢棄物對環境的影響，環境的承載能力與處理方法。
		高中/化學	CCb-Va-1 同分異構物的結構與功能。

Staff

Editorial Management 木村直之
Cover Design 岩本陽一
Design Format 宮川愛理
Editorial Staff 小松研吾，佐藤貴美子

Photograph

12～13 ジョニー/stock.adobe.com
30～33 Metamorworks/stock.adobe.com
74～75 NASA Goddard Space Flight Center Image by Reto Stokli (land surface, shallow water, clouds). Enhancements by Robert Simmon (ocean color,compositing, 3D globes, animation). Data and technical support: MODIS Land Group; MODIS Science Data Support Team; MODIS Atmosphere Group; MODIS Ocean Group Additional data: USGS EROS Data Center (topography); USGS Terrestrial Remote Sensing Flagstaff Field Center (Antarctica);Defense Meteorological Satellite Program (city lights)
96,104,109,116 Public domain
112～113 Bridgeman Images/PPS通信社

Illustration

表紙カバー Newton Press
表紙 Newton Press
7 Newton Press
9 Newton Press
10～11 Newton Press（グルコースの3Dモデル：credit①）
14～15 Newton Press（credit②）
16～17 Newton Press（分子モデル：PDB ID CGG，JZ0，JZ3，credit②）
18～19 Newton Press
20～21 Newton Press（credit②）
22～25 Newton Press
27 Newton Press
28～29 Newton Press（credit②）
31 Logistock/stock.adobe.com，nexusby/stock.adobe.com
35 Newton Press，細山田デザイン事務所
36～43 Newton Press
44～45 Newton Press，細山田デザイン事務所
46～47 Newton Press
48～49 Newton Press，谷合 稔
50～59 Newton Press
60～61 Newton Press，細山田デザイン事務所
62～67 Newton Press
68～71 富崎NORI，Newton Press
72～73 Newton Press
77 浅野 仁，Newton Press
78～85 Newton Press
87～89 Newton Press
90～91 浅野 仁
92～95 Newton Press
96～97 Newton Press（分子モデル：PDB ID GGL，FGA）
98～101 Newton Press（credit②）
103～107 Newton Press
108～109 Newton Press（credit①）
110～111 Newton Press
115～123 Newton Press
124～125 Newton Press（分子モデル：PDB ID GGL，FGA，BGC，FRU，IPB，credit②）
126～141 Newton Press

credit①：国立研究 発法人科学技術振 機構が提供する J-GLOBAL（日本化学物質辞書）
credit②：ePMV (Johnson, G.T. and Autin, L., Goodsell, D.S., Sanner,M.F., Olson, A.J. (2011). ePMV Embeds Molecular Modeling into Professional Animation Software Environments. Structure 19, 293-303)

【新觀念伽利略07】

化學

不斷孕育出最新材料

作者／日本Newton Press
執行副總編輯／王存立
特約編輯／謝宜珊
翻譯／馬啟軒
發行人／周元白
出版者／人人出版股份有限公司
地址／231028 新北市新店區寶橋路235巷6弄6號7樓
電話／（02）2918-3366（代表號）
傳真／（02）2914-0000
網址／www.jjp.com.tw
郵政劃撥帳號／16402311 人人出版股份有限公司
製版印刷／長城製版印刷股份有限公司
電話／（02）2918-3366（代表號）
香港經銷商／一代匯集
電話／（852）2783-8102
第一版第一刷／2024年8月
定價／新台幣380元
港幣127元

國家圖書館出版品預行編目（CIP）資料

化學：不斷孕育出最新材料
日本Newton Press作；
馬啟軒翻譯. -- 第一版. --
新北市：人人出版股份有限公司, 2024.08
面； 公分. —（新觀念伽利略；7）
ISBN 978-986-461-394-6（平裝）
1.CST：化學

340 113007507

14SAI KARA NO NEWTON CHO EKAI BON KAGAKU